警察必备
职业能力培养

高等数学与推理

尤 慧 著

知识产权出版社
全国百佳图书出版单位

图书在版编目（CIP）数据

警察必备职业能力培养：高等数学与推理 / 尤慧著 . —北京：知识产权出版社，2025.4.
ISBN 978-7-5130-9016-2

Ⅰ . O13；B812.23

中国国家版本馆 CIP 数据核字第 2024SP5191 号

内容提要

推理是由已知的判断推出新判断的过程，是获得间接知识、解决和论证问题的重要手段。数学推理是利用数学规律和规则得出结论的抽象过程，数学课程是培养推理能力的重要载体。在公安工作中，推理能力是进行案件侦查、审理，提高办案效率、质量所必需的重要能力。公安院校是公安教育的主阵地，公安院校应该着力培养掌握公安工作所需素质和技能的人才。本书从公安院校人才培养模式入手，调查研究公安院校大学生数学推理能力培养状况，并在此基础上从公安人才推理能力培养、高等数学课程改革以及数学推理能力培养三方面，对公安院校大学生推理能力培养提出策略建议。

责任编辑：吴 烁	责任印制：孙婷婷
封面设计：乾达文化	

警察必备职业能力培养——高等数学与推理
JINGCHA BIBEI ZHIYE NENGLI PEIYANG —— GAODENG SHUXUE YU TUILI
尤 慧 著

出版发行：知识产权出版社 有限责任公司	网　址：http://www.ipph.cn
电　话：010-82004826	http://www.laichushu.com
社　址：北京市海淀区气象路50号院	邮　编：100081
责编电话：010-82000860转8768	责编邮箱：laichushu@cnipr.com
发行电话：010-82000860转8101	发行传真：010-82000893
印　刷：北京中献拓方科技发展有限公司	经　销：新华书店、各大网上书店及相关专业书店
开　本：880mm×1230mm　1/32	印　张：9.625
版　次：2025年4月第1版	印　次：2025年4月第1次印刷
字　数：210千字	定　价：68.00元

ISBN 978-7-5130-9016-2

出版权专有　侵权必究
如有印装质量问题，本社负责调换。

前　言

　　公安高等教育是我国高等教育与职业教育的重要组成部分，在公安人才培养中处于基础性、先导性与全局性地位。公安院校是公安高等教育的主阵地，致力于为公安机关培养高素质、专业化的卓越警务人才。公安院校设置高等数学课程符合高等教育中课程与人才能力培养的需要，有助于培养大学生数学思维及运用数学的意识，满足公安职业对高级专业人才的特殊需求。

　　推理是由已知的判断推出新判断的过程，是获得间接知识、解决和论证问题的重要手段。推理能力是进行案件侦查、审理，提高办案效率、质量所必需的重要能力。数学是培养学生逻辑思维能力的重要载体，数学推理能力特指在高等数学学习的相关实践中进行的推理活动，是高等数学课程人才培养的重要目标。公安院校的高等数学课程兼具"高等性"与"职业性"特性，有助于培养大学生良好的推理能力，进而使其满足个人社会生活与职业发展的需要。

本书围绕以下三个问题展开：①公安院校大学生数学推理能力培养的现状如何；②公安院校大学生数学推理能力水平如何；③对公安院校高等数学课程与推理能力培养的建议。在这三个问题的基础上，运用定性与定量相结合的方法展开研究。首先，对数学课程与推理能力培养进行理论综述；其次，通过文本及访谈了解当前公安院校推理能力培养的基本情况；再次，用测验、问卷及访谈的方法，从推理的过程和结果研究公安院校大学生推理能力水平；最后，针对公安院校大学生推理能力培养的现状及推理能力水平，提出公安院校对大学生数学推理能力培养的建议。

在数学课程与推理能力培养的理论综述中，数学推理是逻辑思维的重要组成部分，是利用规律和规则得出结论的抽象过程，是进行完整思维过程的重要阶段。数学的抽象性与逻辑性特性，使得数学课程成为推理能力培养的重要方法和手段。大学生的数学推理能力有其特殊性，大学生思维发展成熟并且稳定，具备较高的抽象思维能力，但同时推理能力发展进入缓慢期和瓶颈期。高等数学教师在大学生推理能力培养中起着重要的作用，需要对大学生推理活动进行充分调动、激发和加强。

对公安院校高等数学课程与推理能力培养现状的研究，从公安院校人才培养模式入手。通过对公安院校的大学生数学推理能力培养的调查研究发现，公安院校高等数学课程的特殊性体现在公安职业所决定的人才培养模式上，公安院校的专业、课程、教学模式、教师都必须同时具备"高等性"与"职业性"。现有公安院校高等数学课程课时量有限，且以知识目标为主，对数学推理能力培养目标不明确，对大学生数学推理习惯培养不足。另外，公安院校数学教师以知识讲授为主，对推理能力培养的重视不够。

在对公安院校大学生数学推理能力水平的研究中，本书通过瑞文标准推理测验和瑞文高级推理测验发现，公安院校大学生具备良好的推理能力，但在对抽象推理及合取关系推理等难度较大的推理问题解决中，推理能力尚有不足。瑞文推理测验与公安院校大学生数学高考成绩不具有相关性，文科生与理科生的瑞文推理测验结果不具有显著性差异。在补充测验——逻辑推理测验中，获得了相同的结论。在问卷调查中，发现公安院校大学生对高等数学基本概念掌握不清，推理习惯以记忆、模仿等初级推理为主，对数学推理的意义和学习方法了解不多，推理意愿不足，公安院校的数学教师对大学生数学推理能力的培养方法还需改进。

在以上研究的基础上，本书从公安人才推理能力培养、高等数学课程改革，以及数学推理能力培养三方面提出了建议。公安院校对大学生推理能力的培养，要确立推理能力培养在公安教育中的地位，明确推理能力培养在公安教育中的性质，设定具体的公安推理能力培养目标，设置推理能力培养的课程体系；公安院校高等数学课应兼具"高等性"和"职业性"，课程目标要围绕个人成长与职业发展，课程评价应科学化，编制满足公安院校特色和需要的教材；公安院校高等数学课程中的推理能力培养，不仅要注重思维训练，强调针对性，加强实践，还要注重提高数学教师在大学生推理能力培养中的作用。

公安院校大学生推理能力培养是一项长期艰巨的任务，这是我们作为人民警察教师的责任使命。作为一名高等数学教师，在教学中我将不仅要让学生记住结论，更要详细剖析证明过程，理解公式定理的来龙去脉，引导学生用数学的思想方法思考并解决问题，培养学生严谨的逻辑能力与思维习惯，提升推理能力。

目 录

第 1 章 绪 论 /1

    1.1 研究的缘起与背景 /1

    1.2 研究问题 /9

    1.3 研究目的及意义 /12

    1.4 本书结构 /14

第 2 章 有关高等数学课程与推理能力培养关系的文献综述 /16

    2.1 概念界定 /17

    2.2 高等数学课程综述 /42

    2.3 大学生数学推理能力培养综述 /55

    2.4 我国高等职业院校课程与人才培养综述 /77

第3章　研究方法　/86

3.1　研究的总体思路　/86
3.2　研究的方法论基础　/89
3.3　研究阶段及具体方法　/91
3.4　研究对象　/93
3.5　研究工具　/95

第4章　公安院校大学生数学推理能力培养的调查研究　/98

4.1　调查研究设计　/98
4.2　公安院校及人才培养模式的调查　/105
4.3　公安院校推理能力培养的调查　/117
4.4　公安院校高等数学课程与推理能力培养的调查　/127
4.5　公安院校高等数学课程的课堂调查　/140
4.6　总结与讨论　/148

第5章　公安院校大学生数学推理能力水平的研究　/153

5.1　数学推理能力水平的研究设计　/154
5.2　公安院校大学生数学推理能力水平的测验　/162
5.3　公安院校大学生数学推理能力水平的问卷　/191
5.4　公安院校大学生数学推理能力水平的访谈　/208
5.5　总结与讨论　/219

第 6 章 公安院校高等数学课程与推理能力培养的建议 /222

6.1 公安院校大学生推理能力培养的建议 /222
6.2 公安院校高等数学课程 /229
6.3 公安院校高等数学课程与推理能力培养 /239

第 7 章 研究结论与反思 /251

7.1 研究结论 /251
7.2 研究反思 /257

参考文献 /260

附 录 /278

附录 1 调查问卷 /278

附录 2 教师访谈提纲 /282

附录 3 学生访谈提纲 /283

第1章 绪　论

公安院校需不需要开设高等数学课程？相关的讨论持续了很长时间，但始终得不到一个合理的、明确的结论。现代社会发展日新月异，随之而来的高科技犯罪对社会发展、人民安居乐业造成威胁和挑战，公安工作的形式和内容不再只是震慑、打击犯罪，更多是以预防、管控为主的智慧警务。新形势下，公安机关对高素质技能型人才的迫切需求及我国职业教育的快速发展，推动了公安院校高等教育的发展："公安技术""公安学"一级学科的设立，公安院校的"升本"，越来越多的公安院校开设高等数学课程。公安院校如何开设高等数学课程，开设什么样的高等数学课程，设立什么课程目标，培养哪些能力，是公安院校教育人才培养全面快速发展过程中亟需解决的问题。

1.1　研究的缘起与背景

公安教育具有职业特色，为公安工作培养预备警官。实际工作中需要人才具备什么样的素质和技能，公安院校就应该着力培养什么样的素质和技能。教育需要课程的支撑，开设什么课程，培养哪些能力，需要符合公安教育的目标和属性。

公安院校是否开设高等数学课程，需要根据公安教育人才培养的具体目标而定。反对者认为，公安院校开展高等职业教育，警务技能培养应该是其人才培养的核心目标，课程体系的建设与课程的安排应紧密围绕人才培养目标，而数学能力不属于警务技能之一，所以公安院校不必开设数学课程。支持者认为，职业教育是"人的教育＋职业教育"，二者相互促进相互影响。当前公安工作形式及任务发生深刻变革，信息技术及互联网的快速发展推动了"大数据"时代的到来，需要建立全新的警务思维，从获取的海量信息资源中提取有效信息，并进行科学合理的分析及研判。预防犯罪、打击犯罪，是公安工作的当务之急，公安教育需要通过数学课程培养学生良好的数据分析、处理及推理能力。

支持与反对的意见虽然理由都很充分，但始终未有确定性结论。在公安教育的发展过程中，公安院校的高等数学课程因地域、学院、数学教师等具体情况而定，公安数学课程的存在与发展出现反复和迟疑，始终处于变化中。公安高等数学课程当前面临的困境，既是高等数学课程在高等教育中的共性问题，也是公安教育的个性问题。因此，公安院校是否开设高等数学课程，培养什么样的能力，如何培养这些能力，需要结合高等教育的共性和公安职业教育的个性来讨论。

1.1.1 公安院校面临高等数学课程普遍的困境

在人才培养过程中，数学的重要性已在国际上达成一种广泛的共识，几乎所有的国家都开设数学课程（朱文芳，2015），绝大多数国家1/5的课程为数学课（Mullis，2000），数学被叫作人才选拔关键的过滤器（Sells，1973），但数学课程对学生的发展有什么用，为什么有用，时代的变革与发展对数学课程产生哪些影响，却很少有人说得清。除少数人将成为科技工作者或数学工作者外，许多人都无须直接用到稍深的数学知识，那么为什么在大学教育阶段，无论是理工科院系还是文科院系，都要学习高等数学呢（朱长江，2011）？学生不喜欢数学、放弃数学，尤其是厌恶高等数学，已成为当前数学教育关注的焦点（Davenport，1998；Ma，1997；Maple，1991）。数学焦虑成为影响数学课业成绩的重要因素（Iossi，2007），造成焦虑的原因复杂而多面。高等数学课程在培养高级人才过程中究竟有什么样的作用，如何对学生数学能力进行评估，当前高等数学课程中存在什么样的问题，如何解决这些问题，需要引起广泛关注和研究。

与此同时，高等数学课程不得不面对的困境是：自1999年实施大众化高等教育发展战略以来，我国高等教育事业取得了令世人瞩目的成就，但精英教育向大众教育的转变给课程发展和人才培养带来了难题。对于高等数学来说，课堂上学生数量增加，并且学生平均入学水平下降和程度差异增大（马知恩，2008），这些问题的产生导致在高等数学的课堂上没有时间,也没办法开展学生讨论、发言,学生们在课堂上很少说话,也不认识邻座的同学,不能在交流中合成或扩展新知识,只能独立地进行个人学习,被动地看着老师在黑板上的讲解(Jeffrey,1995)。同时,还存在课程的内容安排过多,教材的编写方法千篇一律,学生被动地记笔记等问题(Weber,2004)。高等数学课变得越来越枯燥,被动接受让学生的学习变得越来越难,学生学习的兴趣不断降低。

高等数学课程深陷困境的同时,初等数学与高等数学在衔接过程中的冲突和矛盾也日益凸显。数学基础教育的改革如火如荼地进行,从20世纪90年代开始,我国就展开新一轮课程标准的研制,新课标已在全国范围内广泛实行起来,由"题海战术"和"填鸭教学"的应试教育逐渐发展为素质教育,注重对学生兴趣的启发和培养,教学模式、教学方法不断改革创新。高等数学课程由于受到学科特点、课时量有限等诸多原因的限制,课程与教学改革步履维艰,教师的讲解很难细致深入,讲课缺乏内容引入,过程单调直接,而学生由于刚进入大学还没有改变学习方法,很难适应高等数学进度快、单节知识量多、课堂练习机会少的方式(史艳华,2013)。

公安院校的高等数学课程也面临相同问题。公安教育发展之初,以专科为主,以技能掌握为课程重心,不开设高等数学课程。专升本后,公安技术教育以工科为基础,而专业高等数学课程自在我国开设以来,一直被认为是理工科重要基础理论课之一。因此,一些公安院校的公安技术相关专业开始开设高等数学课程。从教育规律的角度来说，高等数学课程应该开设；但从人才培养的角度来说，又说不清为什么要开设。

对于公安院校大学生来说，他们走进公安院校的大门已经进行了专业甚至是职业的选择，但他们将来要从事的职业及今后的发展看起来与高等数学相关知识没有联系，其更容易对高等数学的重要性和意义产生如下困惑。在进入大学之前，学生们从小学开始到高中毕业 12 年数学学习中获得的数学知识和能力是否足够？复杂难懂的高等数学对大学生真的必不可少吗？学以致用是人才培养的核心和关键，但高等数学知识看起来与具体实际应用的联系非常有限，学与不学高等数学课程对专业学习，甚至今后工作、生活有什么不同影响？从学科和专业的角度来说，与数学专业无关的学生是否都应该学高等数学，不同专业的高等数学课程应如何区别对待，哪些专业必须学高等数学，学哪些内容，哪些专业可以根据学生自己的需要有选择地学，是否有些专业学生可以不学，或者作为选学内容？数学作为一门古老的学科，高等数学的核心内容微积分也有数百年的历史，与之相应的是人类社会不断的变革和发展，变与不变之间的矛盾应如何在课程与教学中协调统一，当前高等数学课程对人才的培养是否能满足今后社会发展的需要？这些都是公安院校高等数学课程发展面临的难题。

1.1.2 公安院校对数学推理能力培养认识不足

华罗庚说,近代科学的突飞猛进有两大基础,其中之一是从尽可能少的假定出发,凭逻辑推理解释尽可能多的问题(吴格明,2002)。推理是人类思维的高级阶段,对个体自身知识的增长和决策有重要作用。正是由于推理对促进科技进步、社会发展的巨大作用及在个人自身发展中的重要地位,使得推理能力一直是世界各国教学中所追求的重要目标之一(綦春霞,2012)。

公安院校教育中一直存在两种困惑:一是高等数学课程培养的推理与公安实际工作中运用到的推理并不是同一种推理,二者之间是否存在相关性;二是公安院校的高等数学课程是否需要培养大学生数学推理能力,数学推理能力是否能被运用到公安实际工作中。

数学推理能力的培养是各国数学课程标准中的重要内容,运算能力、逻辑思维能力和空间想象能力是数学三大基本能力。其中,逻辑思维是思维的基础与核心,包括概念、判断和推理。根据前期调查及现有研究发现,公安院校的高等数学课程能力培养目标与教学设计中忽略了对大学生推理能力的培养,这在一定程度上成为制约公安院校大学生数学推理能力发展的因素。在对公安院校数学教师的调查中发现,部分教师对数学传统三大能力存在错误认识,有的教师认为三大能力是中小学数学应该培养的能力,或者在中小学数学教育中已经形成,无须再对大学生进行培养;有的教师认为在现今社会传统三大能力已过时,所以在能力培养和教学设计过程中，大学生的数学三大能力的培养被弱化甚至忽略了。

能力培养目标与教学设计中对推理能力的培养的忽略，导致我国公安院校大学生推理能力发展不充分。一是忽略高等数学课程与推理能力培养之间的紧密联系。大学生数学推理能力的培养和发展不能一蹴而就，需要按照个体个性化的特点和规律循序渐进地逐步提高。能力的发展应随着学生学习内容的变化适当分段，促进层次和水平不断提高（孙敦甲，1987）。二是推理能力培养缺乏针对性。对于大学生来说，身体和心理上已发育成熟，基本属于个体的成年初期；从知识的角度，之前的学习过程中有了一定量的知识积累；大学阶段思维是个体从以形式逻辑思维为主向以辩证逻辑思维为主过渡的一个重要时期（张涤，2013）。三是对更高级别推理能力培养不足。正因为大学生具备数学推理能力的各种先决条件，决定了大学生的推理应该是一种高级推理，或者是综合推理。因此，公安院校对高等数学课程如何结合大学生思维特征进行改革和发展，设计和创新教学模式，培养大学生合理有效推理并养成良好的推理思维还显不足。

1.1.3 公安院校大学生推理能力有待提高

社会对人才的需要就是用人单位对求职者工作能力的需要，但我国的大学生常因知识有余而能力不足长久受到质疑和诟病，"能力"成为当前大学校园最关心的话题（吴绍琪，2002）。高等教育的目标是为社会培养高级专门人才，而教育大众化是充分利用有限教育资源，快速提高社会整体素质，满足社会对人才的需要。截至2012年，普通高校招生数量和在校学生数量增长近5倍，普通高校数量增长1倍多，专任教师数量增长2倍多，高等教育毛入学率达到30%（钟秉林，2013）高考录取率超过75%，中国已经在规模上成为名副其实的世界高等教育大国，但是高校规模和数量的不断扩大并没有解决社会对高质量人才需求的困境，每年从高校毕业的大学生很多，但是满足社会需要的高级尖端人才仍然匮乏。究其原因，我国高等教育培养的大学生存在能力不足的问题。

公安院校培养公安事业接班人，人才培养的质量决定社会的长治久安，培养什么人，怎样培养人，为谁培养人，更是公安教育首先要解决的根本问题。

公安工作不需要微积分知识与公安人才不需要高等数学课程是知识与技能、人才与发展两个方面的问题。我国高校的教学教育长期以来过于注重知识的传承、积累和记忆以及学科知识的系统性和完整性，对于学生能力的培养缺乏足够的重视，但知识不等于能力，知识教学不仅是教育教学的基本目标、任务和方式，更重要的是培养能力，知识教学必须促进能力和德行的发展（郝文武，2014）。高等数学的课程目标是培养大学生的数学能力，数学能力的培养需要学生在教师的指导下参与数学活动，在数学活动的实践中形成并发展起来一种稳定的个性心理特征。学生数学能力的强弱决定了参与数学活动的质量和效率（孙名符，1996）。越来越多人认为数学课程对学生来说应不再是静止、结构、过程和概念（Romberg，1994），而是能够理解数学的结构和深层的关系，高效地利用已有的资源，准确地规划并解决问题，理解数学的观点、思想和推理，判断结果是否符合逻辑，为了工作和建构知识去获得数学知识和数学工具（Schoenfeld，1992）。因此，高等数学课程不仅是传授具体知识，应在教学中协调学生知识和能力共同发展，而高级人才能力的发展并不分具体的职业和技能。

《国家中长期教育改革和发展规划纲要（2010—2020年）》中明确提出，随着经济发展和科技进步，社会对人才的要求标准越来越高，重点扩大应用型、复合型、技能型人才培养规模。公安人才的培养应兼顾应用型、复合型、技能型，而对于公安院校高等数学课程来说，培养学生什么样的能力，如何行之有效地培养学生这些能力，使他们获得职业和个人发展，是高等数学课程在设置过程中首先应该解决的问题。

1.2 研究问题

在这样的研究背景下，本书试图分析阐述三个基本问题，分别是：①公安院校大学生数学推理能力培养的现状如何；②公安院校大学生数学推理能力水平如何；③公安院校的高等数学课程与推理能力培养的思考。

1.2.1 公安院校大学生数学推理能力的概况

（1）公安院校人才培养模式。

公安院校人才培养模式包括公安院校的性质、人才培养的目标、培养规格及培养方式，决定人才培养的效果和质量。公安教育是高等教育，也是职业教育，与普通高等教育有哪些区别与联系？

（2）公安院校推理能力培养。

公安教育是高等教育的重要组成部分，应符合高等教育规律，在人才能力培养中，应遵循哪些具体要求？

（3）公安院校的高等数学课程与推理能力培养。

高等教育、职业教育与公安教育在人才培养目标上既有联系又有区别，并对课程体系的设计、课程目标的建立产生影响，在这样的影响下，高等数学课程的性质、目标及在人才培养中的作用是什么？公安教育是职业教育，公安职业特殊性造成了公安教育的特殊性，高等数学课程与能力培养应如何满足公安职业教育的需要？

1.2.2 公安院校大学生数学推理能力的水平

公安院校大学生数学推理能力的水平如何。对公安院校大学生推理能力水平的了解要建立在数学推理能力发展特点和规律基础上，能力是一种稳定的心理特征，大学生群体能力发展有其共性，但公安院校也有其特殊性。研究中，选取公安院校中具有代表性的四所学校，进行具体测量。

公安院校大学生推理能力有何特点。针对推理过程,分别从思维方式、推理形式、推理信念、教师作用四个方面,了解学生的推理活动和水平。

根据公安院校大学生的推理过程和结果,了解其推理能力基本情况,在此基础上与公安院校课程设置情况、课程设计及授课方法等具体情况建立联系,进一步研究公安院校高等数学课程与推理能力培养,剖析当前推理能力不足的原因。

1.2.3　公安院校高等数学课程与推理能力培养的思考

其一,公安院校的推理能力培养在人才培养中应占有何等地位、有什么样的性质及人才培养的具体目标有哪些?

其二,公安院校如何开设高等数学课程?公安教育作为高等教育的一部分,公安院校的高等数学课程应满足高等教育人才培养的规律;同时,公安教育作为特殊的职业教育,有其人才培养的目标,应严格遵循职业特点的需要,从公安工作对推理能力的实际要求出发,在现有条件下,公安高等数学课程对人才培养还能做什么,怎么做?

其三,公安院校的高等数学课程如何培养推理能力?如何培养推理能力来自两部分讨论:一是基于现状的反思,当前推理能力培养过程中存在哪些问题,如何在教学的实际过程中改变、解决这些问题;二是结合充分的理论研究,有关推理形成的条件和能力培养的特点的讨论。只了解当前的问题是不够的,为了更好提高公安院校大学生的推理能力,还应对如何解决问题的讨论进行补充和发展,并对课程和教学进行创新,创新必须切实可行,结论才可以作为方法进行推广。

1.3 研究目的及意义

我国公安教育的发展经历多次改变,人才培养的模式和体系也在不断探索中,但公安教育的相关研究还比较滞后。2012年《中华人民共和国人民警察法》明确强调国家发展人民警察教育事业。只有公安院校得到发展,才能促进公安院校高等数学课程的发展,进而才能推进公安院校大学生数学能力的提升,公安教育与人才培养会相互促进,共同提升。

本书在公安教育相关研究中,首次对高等数学课程与推理能力培养进行调查。基于高等职业教育观点,结合公安职业、公安教育的特殊性,对公安教育、人才培养、公安高等数学课程与推理能力培养进行了一次比较全面、完整的研究,既包括公安院校高等数学课程发展情况,也包括高等数学课程与推理能力培养的现状及未来发展方向、发展思路。对我国公安院校高等数学课程、教学,教师和学生基本情况进行初步了解,以促进公安院校高等数学课程的交流与合作,加深认识,达成共识。

本书把推理能力作为高等数学课程能力培养目标之一进行研究,对数学推理与公安实践中的推理之间的关系进行梳理,建立起高等数学课程与公安职业技能培养间的联系。高等数学课程在公安人才培养课程体系中不应只是作为基础课程，而应为个人发展与职业发展打下基础。

本书具有一定的理论意义，同时也具备实践意义。从大学生推理能力培养的角度出发，本书对数学课程与推理能力培养相关研究作了很好的补充。相对于中小学生来说，当前对大学生数学推理能力培养的研究非常有限。我国《义务教育数学课程标准》（2011年版）中对中小学数学推理能力的培养作了详细的阐述和要求，有严格的课程标准，课程的能力培养目标及教师对课程的设计均有据可循。与义务教育不同，高等数学课程没有严格的课程标准，只有各个学校制定的教学大纲，这导致对大学生数学推理课程的研究缺乏。高等数学课程培养的推理能力有什么特点，数学推理与逻辑学上的推理有什么区别和联系，数学推理形成的过程和条件是什么，受到什么因素的影响和制约，在研究中应该如何衡量这种能力，在本书中作了很好的梳理，在此基础上进一步研究公安院校对大学生推理能力的培养。

大学生数学推理能力的培养是高等数学思维相关研究的重要部分。当前，有很多关于大学生高等数学思维的研究，而数学推理只作为研究的一个部分或一方面，如将推理能力培养作为综合能力培养的一个部分研究，或者将推理能力作为数学思维能力的一方面研究，这样的研究相对简单而不够系统。本书对高等数学课程及推理能力培养作了比较细致的理论研究与调查研究，为今后的高等数学课程改革提供可参考性意见。

对于公安院校高等数学课程来说，本书是课程与能力培养的理论与实践的结合。教育理论如果不应用于教学实践，就会失去生命力；教学实践没有教育理论的支持，则可能会事倍功半，甚至可能犯错误。因此，必须将理论与实践结合起来。公安教育的改革和进步对公安事业的发展有巨大的促进作用，严密合理的逻辑思维、推理能力对案件的侦破是必要的，要在教育中不断培养学生良好的推理习惯。我国每个省份都有自己的高等公安职业院校，但公安教育，尤其是公安数学教育的理论和调查研究都比较匮乏。本书结合公安教育的特点和现状，结合数学推理能力培养构建公安院校高等数学课程，为具体的公安院校高等数学课程与推理能力培养提供具有实践意义的参考和帮助。

1.4 本书结构

第1章绪论，介绍公安院校高等数学课程与推理能力培养的研究背景，从公安院校高等数学课程的困境、对推理能力重要性认识不足及人才能力不能满足人才发展需求三个方面，聚焦于本书的三个研究问题。

第2章围绕研究问题，从相关概念、高等数学课程、高等数学课程与推理能力培养及高等职业院校课程与人才培养四个方面进行文献综述。

第 3 章是研究方法的介绍，说明本书总体思路与方法论基础、研究设计、研究对象和研究工具。

第 4 章是对研究问题一的回答，从公安院校的人才培养模式、推理能力培养现状、高等数学课程及高等数学课堂状况出发，对公安院校学生推理能力培养进行研究。

第 5 章是对研究问题二的回答，用测验、问卷、访谈的方法研究公安院校大学生数学推理能力水平，从推理的过程及结果两方面了解大学生推理能力的水平、习惯、方法，对推理的相关认知及教师在推理能力发展过程中的作用。

第 6 章是对研究问题三的回答，通过对公安院校大学生推理能力培养及推理能力水平的研究，提出了公安院校高等数学课程与推理能力培养的相关建议。

第 7 章是研究结论与反思。对本书所提的三个问题及回答进行了总结，得出研究结论，并在此基础上对全书进行了反思。

第 2 章　有关高等数学课程与推理能力培养关系的文献综述

我国高等数学课程自开设发展至今，历史悠久、体系完整，相关研究日趋完善，但依然存在尚未解决的问题和困境。这些问题中既有共性问题，也有个性问题，对已有研究进行综述及述评，有利于从整体上把握高等数学课程的发展状况，并作为展开本书的基础理论和依据。对高等数学课程与大学生推理能力培养进行综述和述评，了解高等数学课程与推理能力培养之间的关系和现状，找出其中存在的问题与解决方案，并作为本书中对具体问题进行思考、调查的借鉴和参考。除此之外，本书还对我国高等职业院校课程与人才培养进行综述，对高等职业院校人才培养的目标和模式更深刻的认识，有助于准确定位高等职业院校课程与能力培养的性质与地位，建立高等职业教育、高等数学课程与推理能力培养之间的联系。

2.1 概念界定

2.1.1 推理相关概念

（1）逻辑。

逻辑、逻辑思维和推理，概念不同，但它们之间存在着紧密的联系，推理本身蕴藏着逻辑的概念。逻辑和思维之间紧密联系，逻辑在广义概念上指客观规律，但其研究对象是思维与思维规律，是一门研究思维规律的科学，是将思维抽象化的过程。逻辑是逻辑思维的起点，从研究对象本身的实质开始。逻辑从广义上说是一种客观规律或规则，用来表示事物之间的联系与发展的一般形式。逻辑本身既是逻辑学的研究对象也是逻辑学的研究方法，对问题实质本身研究的思维规则与反思构成了逻辑内容本身的一部分，并且必须在逻辑之内得到证明。因此，逻辑是什么，逻辑无法预先说出，只有逻辑的全部研究才能把逻辑本身是什么这一点摆出来作为它的结果和完成（黑格尔，1996）。逻辑是研究的开端，是其他科学所依靠的基本概念和前提。思维与思维规则是逻辑的研究对象，但逻辑对思维及规则的研究也有独特内容。逻辑依附思维而形成一定的方法或模式，而思维反映事物之间的逻辑关系。推理是逻辑思维在特定阶段的终点，是逻辑的应用，逻辑是思维的准备，为人脑所反应而形成逻辑思维，并指导推理得出结论。

逻辑是一个复杂而综合的系统，它是人脑从遇到问题到解决问题全过程所应具备的正确的思维形式的科学，是对研究对象在形式上的高度抽象，包括应具备的理论、观点和看法。逻辑本身涵盖了两个对立方面的内容——合乎逻辑的和不合乎逻辑的。我们通常意义上所说的逻辑，特指思虑周全、透彻和仔细的思考，是一种最佳意义上的思维（杜威，2015）。逻辑一般可以分为两部分——客观逻辑和主观逻辑。从不同的角度和方面研究逻辑的根本目的是更好地认识思维，认清逻辑思维形成、发展的规律，获得对客观事物的正确认识，更重要的是培养合理正确的思维方式，改善思维素质，并不断提高认识世界的能力，指导实践，推动社会的不断进步。

（2）逻辑思维。

思维可以分为直观行动思维、具体形象思维和抽象逻辑思维。逻辑思维是一种高度抽象的思维，是人类思维能力及思维水平发展到一定高度的重要标志。多种学科都或多或少需要对逻辑思维进行一定的研究，研究逻辑思维的学科领域不同，研究的方法和认识也不同，研究论断也不同。本书通过研究哲学、逻辑学、心理学及数学中讨论有关思维的具体概念及理论的界定，发现四大领域对思维的认识及观点虽有不同，但同时也具有一定的相似性，这些理论与认识在一定程度上阐明了逻辑思维的特征、类型以及应用，对于提高思维的准确性与效率有重要意义。

①哲学中的逻辑思维。

哲学中的逻辑思维等同于抽象思维，也称概念思维。哲学追根究底的特点，决定了哲学研究的对象不是具体的经验和实践，而是在去粗取精、去伪存真、由此及彼、由表及里的基础上，抽象出事物的本质及具有普遍性的规律（李德顺，2009）。哲学中的逻辑思维从认识谈起，其中关于认识的研究包括从认识的来源、内容及发展这三方面来讨论认识的发展规律。认识论的中心是解决思维与存在、主体与客体、认识与实践的相互关系等问题，并根据认识的来源是从感觉还是实物，而分为唯心主义与唯物主义两大学派（施旭英，2014）。

马克思主义认识论认为认识是个体在实践的基础上的主观能动作用，因此马克思主义认识论是辩证唯物的。马克思的认识论指出，认识是人脑对客观世界的本质和规律的反映，在对感性认识材料进行加工制作的基础上形成了理性认识。客观世界不以人的意志为转移，人要想正确认识客观世界就必须与客观世界发生联系，而这种联系就是实践。因此，认识是人在实践的基础上产生的，而且在实践中产生了对客观世界的认识。但是，人对客观世界的认识不是固定不变的，而是会随着实践的深入由浅入深地辩证发展。人对客观事物的认识存在两个阶段：第一个阶段是认识的初级阶段，称为感性认识；第二个阶段是在感性认识的基础上，逐渐上升到理性认识。感性认识是人对客观事物的直接印象，可以通过耳鼻口舌眼等感觉器官作用于外界事物而形成直观感受。感性认识的基本形式是：感觉、知觉和表象。感性认识是人对客观世界认识的起点，随着对实践的深入和积累，人的感性认识会上升到理性认识。理性认识是对客观事物内在本质及规律的认识，其形式分为概念、判断和推理。人是在形成概念、作出判断并进行推理的基础上实现理性思维,认识事物全面的、本质的、内在的联系。

马克思主义认识论在强调客观存在及实践的基础上,还强调了主体的主观能动作用。人对客观世界的认识不是被动的、机械的,也不是盲目的,而是具有明确的主观目的性,这种目的性表现在人认识自然的目的在于改造自然,这种改造是有意识的,即既要遵守客观规律,又要满足自身需要。由此,对于哲学理论来说,思维是一种在感性认识的基础上形成的理性认识。思维是大脑对感性材料进行思考、加工而成,不仅反映事物的某种具体属性,而且抽象出一类事物的本质属性,指导人类正确地认识客观世界。

②逻辑学中的逻辑思维。

人类的思维抽象复杂,逻辑学就是最早研究思维形式及其变化规律的一门科学。逻辑学中研究的逻辑思维不完全等同于抽象思维,而是强调思维过程中经过严密的逻辑程序得出有效结论的思维方式。"逻辑"一词来源于希腊文,本意指思想、理性、规律和语言等,现代引申为正确的思维形式和规律,是评价一个论证的前提是否能合理支持其结论的方法。运用逻辑进行思考就是逻辑思维,人脑通过对前提或已知条件的逐层推演获得结论。因此,逻辑学中的逻辑思维与哲学中的逻辑思维的最大区别,是强调的重点不同,逻辑学强调思维中基础和前提的逻辑性或合理性,而哲学中强调逻辑学思维是用来分析和评价重要问题的工具(雷曼,2010)。逻辑思维具有严密性、间接性、必然性等特点,是一种层层推进的具有线性演进的程式化思维。在认识事物的过程中,人类思维概念、判断和推理的三种思维形式,是逻辑学中必不可少的基本思维形式。只有了解研究领域的具体知识,分清楚各组成要素之间正确的逻辑结构和联系方式,才能正确运用这三种思维形式反映客观实际。因此,正确的思维不仅要求思维形式是符合逻辑规则的,而且要求思维的实际内容是真实有效的。这两方面对逻辑思维来说,缺一不可。

逻辑思维有三种形式,分别是形式逻辑、数理逻辑和辩证逻辑。其中,形式逻辑是以思维形式、思维形式规律及思维方法为研究对象的一门科学,思维形式规律包括同一律、矛盾律、排中律,运用的主要思维方法是分析与综合、抽象与概括、归纳与演绎、比较与类比等(朱晓鸽,2009)。数理逻辑是现代化的形式逻辑,与形式逻辑不同的是,数理逻辑着重研究演绎逻辑,应用数学方法研究思维的逻辑结构。辩证逻辑研究辩证思维的形式和规律,研究思维形式如何正确反映客观事物的辩证法,如何反映事物的内部矛盾、联系和转化等问题(华东师范大学哲学系逻辑学教研室,2009)。三种形式的逻辑思维既有联系又有区别,构成了整体的逻辑思维。逻辑思维是逻辑学研究的主要对象,"概念—判断—推理"的过程既符合人脑的认知顺序,同时也满足人类对客观事物认识的发展过程。正确认识客观世界、获取新知识、反驳谬误是重要的科学方法,对于帮助人们建立正确的思维形式、作出合乎规律的逻辑判断有重要的作用。因此,培养学生良好的思维能力是学习教育、课程与能力培养的重要组成部分。

人类思维的最大特征是具有主观能动性，人们可以能动地认识客观世界，这种能动作用体现为思维并不是盲目的，而是具有一定的目的性，这种目的性在于人总是有意识地在认识的指导下能动地改造客观世界、改造自然和社会。人的认知能力受到思维的指导和影响，只有拥有正确、合理、高效的思维指导具体实践，才能实现预期目标。因此，人类不仅要有思维，更需要有理性的逻辑思维，才能提高认识自然、改造自然的能力。恩格斯在《自然辩证法》导言中说，思维的精神是地球上最美丽的花朵。这里的思维就是逻辑思维，在逻辑思维的指导下才能利用自然、改造自然、主宰自然，而成为"万物之灵"。逻辑思维帮助人类正确认识事物变化的一般规律，分辨事物、认识事物、剖析事物、创造新事物，发现各种事物的特征和差异，进行发明与创造，才把人类社会建成了既是一个丰富的精神世界，又是一个充满光明繁荣的物质世界。逻辑思维对帮助人们建立正确的思维形式、作出合乎规律的逻辑判断有重要作用，因此培养学生良好的逻辑思维能力是学习教育、课程与能力培养的重要组成部分，是教育和社会发展的共同目标。

③心理学中的逻辑思维。

心理学研究的逻辑思维，是一种心理活动，是建立在人脑与客观事物间感觉、知觉和表象基础上的联系。心理学中的逻辑思维着重研究思维在个体不同生理阶段发展变化的特征和规律，以及不同个体身上思维所表现的差异性。心理学研究的思维不像逻辑学中的思维，专注于概念、判断和推理各方面的概念及内容，也不在于研究概念、判断与推理之间的逻辑联系与规律，而是人脑中概念如何形成，怎样作出判断及如何进行推理。

虽然客观事物相同，但大脑在不同的年龄阶段，或不同的大脑，会产生不同的认识，因为大脑对客观事物的反应会融入以往的经验。不同的认知方式、方法，导致大脑在对"原材料"进行加工时，产生了不同的认识。心理学中关于思维的理论研究很多，其中最具代表性的是皮亚杰的发生认识论。其原因有二：一是皮亚杰开创了新的科学研究的方法；二是皮亚杰的研究是多领域的综合。皮亚杰的研究将哲学关于认识的一般理论上升为研究个人的发展，并且其研究在进行了充分的观察和测验的基础上考察各个年龄阶段认识发展的过程。皮亚杰的研究建立在个体发生研究上，将思辨的哲学实证化，并在生物学与认识的研究下，将二者有效结合，从而从心理学角度揭露心理是认识"发生"在机体的根源（李其维，2000）。

皮亚杰的发生认识论是一个动态发展的过程，这一过程就是主体与客体之间相互作用不断建构的过程。建构理论是皮亚杰发生认识论中重要的组成部分，建构就是主体已有图式不断地更新发展，也就是认识发展的过程。认识的获得必须用一个将结构主义和建构主义紧密连接起来的理论来说明，认识的发展是心理发生改变的结果，在认识发生改变的过程中，伴随着心理结构的改变，从低级到高级，从简单到复杂（皮亚杰，1981）。建构与平衡不断被打破又重新形成，构成认识的螺旋图。认识螺旋是开放的，而且开口不断增大，这对教育产生了深远的影响。皮亚杰（1982）将个体从出生到成年的认知发展分为四个阶段，依次是感觉运动阶段（0～4岁）、前运算阶段（2～7岁）、具体运算阶段（7～11岁）和形式运算阶段（11～16岁）。认知阶段的划分在皮亚杰的研究中非常重要，对于认知阶段逻辑性的认识则是其研究的核心。皮亚杰认为，儿童的思维发展是连续的，但也具有阶段性，但发展阶段的前后顺序是固定不变的，并且不能打破或逆转。前一阶段是后一阶段的前提和条件，但终将被后一阶段取代；后一阶段是前一阶段的延伸，是在前一阶段的基础上不断构建的结果。思维的发展是不可逆的，总会按照认知发展的顺序不断向后一阶段发展。

皮亚杰的观点是，认识是主体和客体之间相互作用的结果，建立在图式理论基础之上。"图式"指动作的结构或组织，是个体反应刺激和认识事物相对稳定的行为模式或认识结构。随着图式的不断增多和复杂化，图式的发展水平也不断提高，进而发展出多种图式的协同活动，表现为人的心理水平不断地由低级向高级发展（石向实，1994）。皮亚杰认为认知发展的实质就是图式的变化，包括同化、顺应和平衡，在这变化发展过程中已有的图式得到发展和更新。同化是主体接受外部刺激后，积极地接受反应刺激，并将这种刺激纳入已有的图式之中。皮亚杰强调主体应对外部刺激不是消极被动的，而是主动进行整合，并调整和改变已有的图式适应新环境从而去适应客体。发展的理论就必然要求助于平衡概念，因为一切行为都要在内在因素与外在因素之间保持平衡，或者比较一般地讲，都要在同化与顺应之间达到平衡（皮亚杰，1982）。

除此之外，维果茨基与林崇德也对逻辑思维这种高级心理机能从何而来、怎样起源进行了大量研究。维果茨基提出高级心理机能的概念，指的就是人的理性认识阶段，具备有意性和主动性、概括和抽象、符号词语为中介、社会历史发展产物及个体社会交往的特征。他认为人在解决面临的新问题时总要有选择性、有目的性地按照预定目标而自觉去借助过去的经验，而这种思维的参与使人体的各种机能发生了本质变化。林崇德认为，思维是人类特有的理解与解决问题的有目的性和方向性的活动。人类由感性认识上升到理性认识，需要一系列分析和综合的高级复杂过程，并最终形成一种创造性思维。概念、判断和推理既是思维的理性材料，又是思维的结果，通过不断的系统性的循环往复促进思维的发展。

④数学中的逻辑思维。

"数学"一词来自古希腊语，可理解为知识、学问，被视之为"学问的基础"。现在"数学"被理解为一门关于数学知识的学科，是人类在实践过程中人脑对客观事物的反应，经过实践的检验，储存下来作为认识世界、理解世界的方法论。人认识世界的过程和方式包含着人类思维的逻辑过程及逻辑形式，知识的形成与完善不仅体现着人类思维的价值，更体现了逻辑的重要意义，逻辑是人脑对客观规律的反应。任何知识的形成都经历了分析与综合、归纳与演绎、分类类比与比较、系统化与综合化等逻辑思维过程，都包含着概念、判断和推理等逻辑思维形式，逻辑形式是知识不可分割的重要组成部分（郭元祥，2009）。

  目前，对于数学的传统认识基本可以达成一致的是，数学是一种高度抽象的科学知识。数学的抽象在于其公理化的方法，从少量已被证实的原理出发，通过逻辑演绎建立起一整套严格的知识体系，进而获得结论，揭示事物的本性。数学严密的逻辑性使得数学的推理始终保持严格的精确性和确定性，被认为是科学的典范。以罗素和弗雷格为代表的逻辑主义数学观认为：数学就是逻辑（胡典顺，2009）。罗素（2005）在《数学哲理导论》中强调："所有纯粹数学，既然它能从自然数的理论演绎出来，就不过是逻辑的延伸。并且即使是不能从自然数的理论演绎出来的数学的现代分支，将以上的结论推广到它们，也没有原则上的困难。"数学的概念是用逻辑术语阐明的因而是合理的，整个数学是建立在逻辑的前提下并从中推出来的，数学的推论具有绝对的说服力。弗雷格（2007）则在《算数的基础——对数的概念的逻辑数学研究》中把数学的基础归为逻辑，即使数学要抛开与其他学科的帮助和联系，也绝不能否认自己与逻辑的密切关系，因为数学是建立在逻辑的基础上，而逻辑是被普遍承认的推理规则，因此从逻辑出发得出的数学推论是不容置疑的。

  对于教育理论家和教育实践者而言，不以"知识"而以"学生及其发展"为直接的研究对象和活动目的（郭元祥，2009）。由于数学学科本身的特点，学习数学的目的就在于培养学习者的数学素质，其中的核心就是逻辑思维能力。

（3）推理。

虽然研究逻辑思维的分支很多，但推理是其中的核心和关键。从某种程度上说，研究逻辑思维方向、角度不同，但最终汇集到对推理的研究和认识是相同的。推理是一种特定的思维活动，是一种理性思维，是思维对特定对象进行反应的基本形式，是思维的高级阶段。推理不是人类先天具有的，需要从直观和经验智慧中学习和积累。人在学习过程中会发现和认识规律，掌握规律后就会进行推理。研究推理的领域很多，但从概念的角度来说，推理是逻辑学的概念，指根据已知信息推出新的论断或结论的过程。推理的定义非常简单，是从一个或多个已知判断推出一个或几个新的判断的思维过程，但是推理的过程及最终形成有效推理的结论这一过程却非常复杂，这也是众多领域从不同的角度和侧面研究推理的原因。推理是人类特有的一种思维形式，也是获得间接经验的一种工具。但并不是所有的推理都是准确真实的。推理有好坏、对错之分，错误的推理会导致我们得到谬误，因此教育的目标就是通过思维训练及良好思维习惯的培养提高推理的准确性与合理性。

推理的概念包括思维的整个过程，人类在思维过程中，可以分为几个步骤或阶段，推理的步骤和阶段之间有清晰明显的区别，但是这些步骤和阶段紧密相连，并没有明确的界限。人与人在推理过程中，虽然内容千差万别，但推理的形式和过程相同。首先，推理需要前提，在遇到问题后先要对前期已有经验、材料进行搜索与整合，获取充分依据；其次，根据现有知识水平和能力层次对已有条件进行分析和判断；最后，在此基础上形成新的结论。

如果将思维过程简化，只从命题的角度讨论推理，这种推理分为两部分：一部分是推理的依据或前提，另一部分是推理的结论。在推理的过程中，需要经过一定的逻辑程序，这些步骤和阶段的顺序是不可打破且不可逆转的。概念、判断和推理是推理过程的基本构成，也符合人类思维的一般顺序。

概念是事物本质属性的思维形式，是思维形式最基本的组成单位。每个概念的形成都包含五个步骤，分别是陈述、对比、抽象、概括和命名。形成概念后，要做的事情是分类，形成概念的目的是认知不同概念间的相同点和不同点，这叫作"类"，将具有同一性质的事物归结到一起，用以区分其他事物。正是因为概念的存在，事物才有了属性，才便于大脑把两个事物进行比较，而比较的结果就是找出事物间的共同点和不同点，并形成结论，这个过程就是判断。判断依赖概念，并建立在概念的基础上，形成一种"是"或"非"的结果。对于判断而言，并不只是通过规则进行取舍、选择或组织，而是形成一系列的规则。在进行判断中，时刻进行检验和对比，并通过分析和综合以增加判断的准确性，从而得出一个理性的选择。概念和判断是推理的前期准备，并在一定程度上决定了推理的准确性，推理就是对已知进行判断并得出新的判断。概念、判断对于推理的重要性在于推理的最终目标是得到一个合理的判断，是推理过程的结果。

2.1.2 数学推理相关概念

（1）数学思维。

推理不是将思维看成一个组成部分，而是从其中分离出来一个单独、孤立的步骤。推理概念本身蕴含着一个完整的思维过程，推理的实现或完成，一定是经过一系列复杂思考、计算的思维过程。良好的思维习惯与思维方法，是正确、合理进行推理的前提。因此，对推理的研究，一定要置于思维概念的框架之下。对于数学推理的研究也要以对数学思维的研究为基础，讨论在数学思维形成、发展过程中对推理能力的培养。

数学，作为人类思维的表达形式，其基本要素是：逻辑和直观、分析和构作、一般性和个别性，能够反映出人类具备缜密周详的推理能力（柯朗，1985）。数学是一种方法，能够科学合理运用这种方法作为分析问题、解决问题的工具应用于对事物或现象进行研究的思想和心理过程是数学思维。数学思维包括用数学的概念理解实际问题的具体情况，用定量的方法进行分析，用数学知识构建数学模型，并通过数学的研究去揭示其内在的规律（郑毓信，2000）。数学思维具有一般思维规律所具有的共性，是一种建立在数学实践活动中的内隐性的心智活动，而数学意识、数学思想、数学方法以及数学精神则是数学思维活动的结晶，是数学思维的宏观概括（曹荣荣，2011）。同时，数学思维也具有自身的特性，这些特性由数学学科本身的特点所决定，如高度抽象性、严密逻辑性、结论精确性及应用广泛性，数学自身的这些特点使得数学思维具有高度的概括性。概括是思维活动的速度、灵活迁移程度、广度和深度、创造程度等思维品质的基础，概括是数学研究和学习的出发点，是掌握数学原理的基础（林崇德，2001）。除此之外，数学思维还具有严谨性、灵活性、独创性、批判性和敏捷性等诸多个性。正是由于数学思维的这些特性，使得思维，尤其是数学思维品质体现了个体智力及能力的差异。

数学是思维的、逻辑的，数学学习与思维培养之间总是存在紧密的联系。数学学习包括概念、命题、推理和证明等思维形式，可以概括为抽象概括和推理论证两部分，涵盖了逻辑思维过程的全部内容。寄希望于数学课程与数学教育培养学生良好的逻辑思维习惯，将逻辑推理应用在学生今后的工作和生活中，已经成为数学教师的共识。思维是智力的重要且核心组成部分，而数学被认为是培养学生思维能力、提高智力水平最重要的途径。数学是一门培养思维能力的基础课，正像为了"身体好"人们要做体操的道理一样，人类重视数学作为"思维好"的一种手段，这就构成了"数学是人类的思维体操"的常识（林崇德，2011）。在论证这一问题的过程中，林崇德（2008）认为思维是一个完整的结构，其中包含六种因素：思维的目的、思维的过程、思维的材料、思维的品质、思维的监控和思维的非认知因素，而考虑一种学科能力的构成，要从此学科能力（尤其是特殊能力）最直接的体现、概括能力的重要性、学科能力中是否有思维品质参与及学科能力体现自身特点这四方面来分析，而在此基础上学生的数学能力是一个整体性的思维结构（林崇德，2011）。因为在学习数学过程中必须要有思维的完整性做基础，才能够认识数学揭示事物在数量关系与空间形式的规律，所以数学对思维的培养过程是完整的，而数学思维的培养增强了学生的数学能力，又进一步促进思维整体结构的发展。因此，学生的数学学习与数学思维的发展及智力的提升是有密切联系的。

可以简单地将数学思维分为在初等数学学习过程中培养的初等数学思维和在高等数学学习过程中培养的高等数学思维。初等数学思维与高等数学思维在思维的实质上并没有本质区别，相对于研究静止、均匀变量的初等数学，高等数学是研究运动、发展、辩证的量，因此高等数学思维中隐含着初等数学思维，是一种比初等数学思维层次高的数学思维。高等数学思维与之相隐含的初等数学思维相对，但高等数学思维并没有一个具体严明的定义。有关高等数学思维的概念主要分为两大类，一是从思维的层次性理解，思维是从低到高逐渐发展的过程，高等数学思维指数学思维中层次较高的部分，如布卢姆目标分类中后三个目标，分析、综合和评价；二是从学习的内容上来定义，五官无法直接感知数学思维的建立，如研究的问题超过了现实的三维空间，再如无穷思想、极限思想，这就需要学习者在学习过程中经历严格的演绎及推理过程。这两类概念虽然分类标准不同，但也有一定的相关性。高等数学思维主要包括精确的数学定义（包括公理化命题）和建立在精确定义基础上的逻辑演绎（Tall，1992）。数学思维，尤其是高等数学思维，是与逻辑演绎和严格推理紧密相关的数学实践活动。

（2）数学推理。

计算能力、空间想象能力和逻辑思维能力是数学的传统三大能力，是学生数学思维的基本能力，而逻辑思维能力的核心是数学推理。数学的学习需要具备一定的逻辑推理能力，所以学习数学的同时又会培养学生的逻辑推理能力，数学被认为是培养学生逻辑思维与推理，促进智力发展最好的学科与课程。数学推理特指在数学实践中进行的推理活动，与其他学科领域中的推理并没有根本性的矛盾或差异。形式正确或者结构正确的推理叫作逻辑推理，与之相反的就是不合逻辑的推理，数学上的逻辑是指思维利用规律和规则作出逻辑推理时抽象的过程。

数学本身是逻辑的、辩证的、严谨的，数学知识也是通过逻辑抽象出的形式。认知心理学中的知识从广义上可以分为两大类，一类是陈述性知识，也叫事实性知识，表示不受和很少受意识控制，通过练习可实现自动化的技能；另一类是程序性知识，也被称为操作性知识，受个体意识控制，难以实现自动化程度的能力（Anderson，1980）。作为陈述性知识的数学，是一种抽象的逻辑关系，数学知识是一个逻辑体系，数学知识之间具有内在联系，先后知识之间存在某种逻辑关系，新知识由旧知识生产。作为程序性知识的数学，是由陈述性知识转化而来，应用逻辑关系完成推理。数学中的概念、命题是陈述性知识，推理和证明则是程序性知识。由此将数学中的逻辑推理分为三级水平，一级水平是掌握基本的逻辑规则，二级水平指能够进行验证或发现简单的结论，三级水平表现为能够在逻辑规则下发现问题、验证问题，并能够运用推理解决复杂问题（喻平，2018）。

我国学生数学推理能力的培养主要依靠数学课程与数学教育。数学教育从小学开始，甚至从学龄前开始，国家对数学课程与能力培养有明确的规定。以学生推理能力的培养为例，我国有明确具体的要求，体现在课程标准的制定中。《义务教育数学课程标准》中将数学推理分为三个阶段，第一阶段为学生能够进行简单、独立的思考，获得推理的基本体验并能够进行表达；第二阶段为学生能够运用统计推理和合情推理进行有条理的思考和较为清晰的表达；第三阶段为学生能够掌握两种推理的功能及联系，并能够进行严谨的证明。我国在 2003 年重新修订了《全日制普通高中数学课程标准（实验稿）》，高中阶段，也将学生推理能力的发展分为三个阶段：第一个阶段能够通过数学实例，体会并了解推理的基本方法；第二个阶段能了解推理的基本方法，并能简单应用在数学与生活实际问题的解决中；第三个阶段能了解不同推理方法之间的区别和联系，能够熟练掌握并能够灵活应用。对于大学生数学推理能力的培养，国家没有具体明确说明，而是将数学推理能力融入大学生数学素养培养中。高等教育培养人才的综合能力，数学素养是综合能力之一。培养学生用数学的思想方法解决实际问题，而推理就是分析问题、解决问题的重要方法。

（3）逻辑学推理与数学推理的关系。

推理在一般意义下是逻辑学的基本概念，其中的逻辑指形式逻辑。所以，我们提到的推理，如果不作具体描述，通常都指逻辑学中的推理。从形式逻辑的角度谈推理，更主要的是强调逻辑，推理只是作出判断、形成结论的思维的最终过程。数学推理，特指人们在数学实践活动中进行交流的基本思维品质。数学自身的特性，决定了数学学科的特性，使得数学结论、数学体系建构的逻辑性与严谨性是可靠的，而无须像逻辑学中强调逻辑的正确性，因此数学推理更强调推理的过程。数学推理与逻辑学中的推理之间有明显的界限和区别，但也存在着千丝万缕的联系。

对于数学推理与逻辑学推理之间的关系，数学家与哲学家的认识莫衷一是。其中一些人认为数学推理与逻辑学推理没有根本区别，以17世纪著名的哲学家、数学家莱布尼茨为代表，他认为逻辑推理与数学推理之间没有明显区分，逻辑推理可以转换成演算的形式，因为概念的析取和合取与算术运算之间有某些近似之处（奚颖瑞，2010）。从思维的角度对待逻辑，逻辑就是把思维作为我们思维的对象，数学推理与逻辑推理并无区别（弗赖登塔尔，1995）。推理是解决问题中用来产生判断并形成结论的思维流程，不一定非得基于形式化的逻辑演绎（Bergqvist，2007）。逻辑与数学的关系极为密切，逻辑更数学化，数学更逻辑化，逻辑和数学之间没有明显界限，从根本上来看二者属于同一门科学（罗素，2005）。以上论断都认为从思维过程来看，数学推理是逻辑的，符合逻辑学的一般规律，因此也是逻辑推理，数学推理与逻辑推理并无区别。

但也有不少哲学家对此持反对态度，从哲学的角度看逻辑推理与数学推理的区别，传统逻辑所关心的，是保证一般概念、命题、推理的准确性、真理性和一致性的标准，而与事实的思维及创造性无关，而数学是规则的演绎，逻辑推理与数学推理有本质上的区别（韦特海默，1987）。"人类活生生的实际思想与这一整套精心制作的形式结构毫不相干"。（文德尔班，1997）从数学的角度看逻辑推理与数学推理的区别，数学推理虽然更强调推理的过程，但也是基于已有的定义、概念基础，是头脑对抽象的一种直观理解，用来进行分析和判断（Sternberg，1999）。数学推理强调推理结果与思维中的概念之间的联结作用，逻辑推理能力可以用一个人在推理过程中得出的结论与其为了获得推理而和他学习和回忆联想起的概念的正确性与难易性来进行衡量。

因为数学推理与逻辑推理之间的关系无法达成共识，教育者开始质疑，数学教学内容及数学课程，深受为表达数学思想而发展起来的更抽象的语言形式的影响，分析的不是实际的思维而是一种理想化、程序化的思维，而对学习者思维能力与推理能力的培养背离了日常思维习惯，数学推理能力的培养对学习者的发展有什么意义呢？

从思维的整体过程来考察逻辑推理与数学推理，认为数学推理和逻辑推理完全相同或者完全不同的两种观点都是片面的，需要辩证、全面地思考和解释。造成此问题的根本原因，是对各领域核心概念界定的孤立和局限，过分强调数学推理的演绎性和逻辑推理的形式化，导致夸大了二者之间的区别。首先，数学是演绎的，是因为演绎是数学重要的组成部分，但并不是说数学只有演绎。波利亚认为数学有两个侧面，数学是一门严谨完整的演绎科学，演绎推理论证了我们已有的数学知识，但是数学却是在实验性的基础上通过归纳科学创造的，合情推理提供了进行猜想的依据。在详细证明一个定理之前，要经历猜想定理内容，确定证明思路，把观察到的素材进行综合并与已有知识进行类比，在整个思维过程中运用了大量的归纳和类比。因此，数学思维不是纯"形式"的，所以在数学学习的过程中，只要稍能反映出数学的发明过程，就可以让猜测、合情推理占有适当的位置（波利亚，2001）。其次，形式逻辑是以自然语言来表达思维的逻辑结构，而数学使用符号。数学的公式和符号是一种特殊的语言，即数学语言，可用来进行数学交流。从根本上说，思维的外显表达就是语言，思维可以用一种语言或多种语言的多种方式进行交流，我们不应拘泥于数学语言的推导，而应通过分析概念和证明，去发现它们的逻辑结构和隐藏着的思维模式。思维仅仅是思维的对象时，才是"程序化"的，而语言的明确表达带有一种数学特点，尤其是在追求一种数学上无可挑剔的语言时，才是"形式化"的（弗赖登塔尔，1995）。最后，数学推理进行推理的对象是数学的概念，数学的思想及严密的逻辑性等特征，不便于进行想象和抽象，对进行推理造成一定的难度。在思维指导实践过程中，实际使用的逻辑模式并不是形式逻辑分离出来的这些基本逻辑模式，而是逻辑经验的大杂烩，它们是较难分化的，要彻底把人们在实际思维过程中究竟用的是数学推理还是逻辑推理这二者分开处理是不可能的（弗赖登塔尔，1995）。

如果只从推理的形式和内容上对数学推理和逻辑推理的关系进行判断，认为二者是毫不相关的，则割裂了二者之间的共性。数学中的推理和逻辑学中的推理在逻辑和心理层面具有诸多共性。首先，二者都是思维的重要内容，都作为认识事物、进行思考的工具，数学推理也符合逻辑思维的一般过程，经历概念、判断和推理三种思维基本形式的过程。两种推理的过程都包括联系、获得联系（根据重复而形成的联结频率、近因所起的作用、过去经验引起的回忆），尝试错误，偶尔成功，由于重复成功而产生的学习，按照条件反射而习惯地进行。因此，这两种思维都是理性思维，不粗鲁盲目，在作出判断和行为过程中具有一定的科学性。其次，推理的形式都具有一般性。在思维活动中，逻辑形式像数学公式一般严格，且保持不变，即思维过程必须依次经过概念、判断和推理，这是人类思维的一般特性。科学研究中的思维与实际生活中的思维都是有区别的，从此意义上讲，形式逻辑、数理逻辑与辩证逻辑都是形式化的，因为人们在日常生活中的实际思维遇到的情况更复杂。实际思维有它自己的逻辑（约翰·杜威，2005）。但是，从思维最根本的形式来说，这些思考的经过都是有秩序的、合理的，并且在推理的过程中有必要和自认为可靠的依据。最后，两种推理能力的发展都是连续的，需要经过教育和指导训练，都会受到认知能力的影响。推理的过程和结构是逻辑的，也是心理的（约翰·杜威，2005）。这里所说的推理是指心理过程，并不是在进行推理过程中大脑的反应机制，而是强调思维的习惯和态度。推理的发展并没有明确的时间点，但推理能力的形成和发展却是连续的过程，并逐渐形成推理的习惯。学校教育和课堂中教师对学生的指导训练对推理能力的发展有重要的作用，教育的最终目的是培养学生具有良好的推理习惯和态度，愿意用理性的思维思考问题，有合理的推理方法，并能够进行逻辑严谨、条理清晰的推理。

正确对待数学推理与逻辑推理之间的关系，即数学推理与逻辑推理既具有普遍意义上的共性，也存在着不同。数学推理不能进行逻辑式的分类，在分析问题和解决问题过程中，只是按照某些规定和法则进行推理而并不能具体说明是进行什么样的推理，因此数学推理是无法被割裂的综合，只能在思考过程中从思维的某一个阶段进行区别。学习者在进行数学推理学习中进行推理的过程与逻辑推理既有联系又具有差异性，二者之间的关系为数学课程的思维训练，及数学推理能力培养提供了更客观、全面的教育理念。基于已有逻辑体系条件下，对未知进行判断和推理并不是完整的数学，但数学确实是概念和结论之间的一种有效联系，这种相互作用的关系让我们对数学概念有更深刻的理解（韦特海默，1987）。充分利用数学学科与数学内容的特性对学习者的思维进行培养，使得学生在学习数学知识过程中数学思维获得发展的同时，培养良好的逻辑分析能力。

为什么在本书中不直接用推理能力，而要明确为数学推理能力呢？原因是为了强调数学课程对学生逻辑思维、推理能力的培养的重要性，本书要分析大学生数学推理能力的发展与学校教育、数学课程之间的关系。对于一般人而言，无论有没有接受特殊训练，都会思维，也都在思考，思维是一种本能。为了提高对世界的认识，必须提高思维能力，而学习（不论是生产实践中广义上的学习，还是学校教育中狭义的学习）的目的是要学会思考。数学被认为是提高智力、提升逻辑思维能力最直接高效的课程，逻辑需要进行主观能动的构建，因此数学课程与教学需要教给学生的是怎样建立好逻辑结构，培养有效思维。学生通过数学实践活动促进逻辑思维发展，在学习过程中要进行一个完整的思维过程，首先要形成逻辑的基础，其包括定义、比较和辨别、分析、抽象、概括、形成类概念、归类、形成命题、形成推理。思维的全过程是一系列正确的逻辑运算。受过逻辑训练的人，思维会在某种情境下进行一系列的运算，如果每一个运算本身符合正确的逻辑，同时前后运算之间都完全正确，那么得到的推理的结果一定是准确的。这样的思维过程，才算逻辑学中严格意义上的逻辑推理。

数学课程的设立，将数学教育看成是逻辑思维的训练方法，因此我们必须从训练学生掌握数学中的逻辑思维入手，而由此引发的下一个问题是这种思维训练能转化成什么，或者用什么方法才能使数学中高度形式化的思想得以转换（弗赖登塔尔，1995）。事实上只有通过有效类比的方式才能实现转换,不管是有意识的还是无意识的。促进思维在学习过程中不断发展的,不是通过解决具体问题而获得的某种结果,而是在解决问题中思考的有效方法和获得解决途径的过程。真正能够起到思维训练作用的是方法而不是具体的题材,因此必须强调思维的方法。这种数学推理习惯的养成能够促进思维能力的发展,并且会对今后的工作、生活产生积极的影响。

2.1.3 公安职业与推理能力

公安职业中运用到的推理由公安工作的性质、内容决定,公安工作可以简单地分为两大类:一类是预防犯罪,另一类是打击犯罪。公安工作中的推理是一种以逻辑推理为主的综合性推理,建立在与公安工作相关的逻辑基础上。公安逻辑是在长期实践工作中总结出的客观规律,是指导公安工作的思维方式,以提高工作效率。

当前公安工作的发展方向是智慧警务,而情报主导的警务工作是实现智慧警务的第一步。从预防犯罪的角度来说,获取情报信息需要良好的侦查意识和思维习惯,良好的推理能力能够建立侦查要素之间的联系,掌握全方位的案件信息,便于对线索信息进行选择和判断。现代警务工作对情报资源的收集、分析的手段和方式越来越多,但如何从大量情报信息中筛选和剔除错误信息则离不开推理。这需要良好的逻辑思维对所有信息进行分析与研讨,将相关情报信息进行补充与印证,通过信息间的相关性分析对信息的准确性进行分析;需要良好的推理能力作为支撑,需要运用大量的逻辑推理，去伪存真，提高信息的有效性。智慧警务的发展，是智慧城市建立的先决条件。现代警务工作中，尤其在情报主导的公安工作中，不缺解决问题的工具，而缺少解决问题的思维，科学的推理习惯与合理的推理方法对提高警务工作效率，减少财产损失，降低危害发生具有重要意义。除此之外，在统筹规划公安工作过程中，合理运用推理可以节省警力资源开支，合理运用警力。刑事侦查中获得的情报信息与犯罪行为之间的关系是间接的，因此只有在准确的情报信息指导下，才能正确分析、理解案情，建立间接证据与主观行为之间的联系。因此，对于打击犯罪而言，证实这些联系需要逻辑支撑。传统警务工作主要依赖大量的工作经验，但经验积累是有限的，甚至是落后的，用经验证明容易受到感官等主观因素的影响，只依靠感官经验判断事物的本质属性是不可靠的。逻辑证明则是依靠推理的方法，相对于经验而言，逻辑是客观的，具有科学性和准确性。运用推理的方法，既可以检验、补充经验证明，也可以帮助侦查人员正确认识案情材料的来源与合理性，提高结论的可靠性。

证明犯罪的推理和方法与我们常规所说的一般意义上的逻辑推理既有区别又有联系，联系是指公安工作中的推理同一般意义上的推理具有思维习惯、过程和方法上的一致性，区别是指在办案过程中的推理具有一些特色的推理方法，这些推理方法是在侦破案件思维活动中的特定顺序和内部联系，满足侦查学、刑事学、犯罪学的基本规律。推理能够帮助办案人员扩大对案情的认识，能够更好地还原犯罪过程，帮助警察确定犯罪嫌疑人，揭露和证实其犯罪过程。只有在这两方面的基础上，才能对案件进行准确定性，才能准确高效地调查、侦破案件，从而打击犯罪。

目前，根据公安工作的实际需要，不同的推理方法已经被广泛应用在公安工作中，贯穿执法办案的始终。根据在侦查中的不同阶段表现的作用及与侦查假说的关系不同，刑事案件侦查中的推理可以分为发现式推理、证实式推理和论证式推理（马前进，2016）。不完全归纳推理可以将毫无关系的片段信息和线报进行联系，通过分析犯罪活动的规律、犯罪个体的行为与作案手段，预测犯罪事件的发展趋势，选择合适的犯罪侦查方法与预防控制手段（熊允发，2011）。除此之外，贝叶斯推理机制的一般理论也被引入公安情报工作中，为刑侦工作提供新思路（陈亮，2010）。推理的思维方法在公安工作中的广泛应用，以及推理的准确性对工作结果的决定性作用，要求人民警察必须具备良好的逻辑思维与较高的推理能力，而对于培养人民警察的公安院校，必须将培养推理能力作为人才培养的目标之一。

2.2 高等数学课程综述

2.2.1 高等数学课程现状

（1）高等数学课程开设情况。

学生进入大学阶段，根据所学专业的需要开始学习高等数学课程。一般意义上的高等数学，主要指高等学校非数学类专业开设的必修基础课，是我国高校一门开设时间长、课时量多的重要的基础理论课程，主要开设在理工类专业。近些年来，随着高等数学教育的发展及社会对理性思维的追求和呼唤，适合文科专业开展的数学课程也广泛发展起来，部分文科专业也开设了高等数学课程。高等数学课程在我国从1952年发展至现在，有70多年的历史，历经7个重要阶段（马知恩，2008），但高等数学课程的改革和创新依然在进行，并随着社会发展和对人才的需求而变化，在实践和探索中不断发展和完善。当前高等数学课程主要内容是微积分、微分方程、空间解析几何与向量代数、无穷级数。高等数学以其概念高度的抽象性、严密的逻辑性和应用的广泛性等特征见长，内容抽象难理解，逻辑性强，和初等数学知识有一定的联系，对初入大学的大学生来说有一定难度。

关于高等数学课程的一些规定，原国家教育委员会在1987年颁布并沿用至今的《高等学校工科本科部分基础课课程教学基本要求目录》中有数学类课程的相关要求，并对所开设的课程内容及相应的课时数量进行了规定。同时，教育部高教司理工处《高等学校理工科本科指导性专业规范研制要求》关于本科专业理工科人才培养的知识要求包括专业知识、工具性知识、人文社会科学知识、自然科学与数学知识。其中，关于能力的要求包括获取知识的能力、应用知识的能力及创新能力，但是对具体的能力及要求并没有明确的规定。目前，高等数学课程的能力培养目标由各个高校自行制定，课程的目标主要以提高学生的数学素养为主，全面发展学生的综合素质,以及用数学的思维方法解决实际问题的应用能力。但是,其中并没有对数学素养进行解读,数学素养包括哪些必备的具体能力,能力有何等层次上的要求都没有具体明确。

大学的目标是为各行各业培养满足社会建设和发展需要的人才,社会对大学人才培养具有导向性。大学有学科和专业之分,因为学科和专业的属性不同,相应的人才培养目标、培养方案不同,课程的安排,甚至同种课程在内容的选择上也有较大差别。目前,我国高校有12个学科门类,所有的理学、工学都开设高等数学课程,除此之外,高等数学还被广泛开设在经济学、教育学、医学、管理学等学科中,很多高校的哲学、文学、法学也开设高等数学课程。但不同学科门下的不同一级学科,甚至同一学科门下不同的一级学科,对高等数学课程内容选择、课时安排均有较大不同。不同学校、不同专业对高等数学课程的要求也不同,有一些高校尤其重视基础理论及通识知识的掌握,比如我国一些重点高校(清华大学、北京大学、同济大学)的理工科专业高等数学课程开设两学年,不低于240课时;内容也存在较大差别,包括微积分、高等代数、解析几何和概率论与数理统计等不同课程。

不同学校对高等数学课时安排千差万别,课时少的理工科学校开设约120学时,部分文科专业只开设一个学期,约40学时。课时安排的不同使得教学中对内容的选择也有所不同,以高等数学经典教材同济大学出版的《高等数学(第6版)》为例,内容涵盖了微积分、微分方程、空间解析几何与向量代数等内容。教学内容、课程体系的改革要根据人才培养目标和培养模式的要求,以加强基础、增强素质、提高能力为目的,整体优化课程体系,对课程内容进行整合更新(张国立,2002)。课时多的院校讲授全部内容,课时少的学校只选择一元函数微积分。对于课程的具体安排,针对不同的教学内容,有精讲精练的必修内容,有教师指导学生学习的选学内容,还有学生课余时间的自学内容,避免千篇一律的内容呈现模式。

(2)高等数学知识与能力培养。

传授知识、发展能力已经成为学校教育的共识,大学生有了知识不代表就有了能力,知识多不意味能力强,知识和能力不能割裂。学者耿飞飞(2014)将我国教育界关于知识和能力的认识和讨论归纳为三个方面:知识和能力是否属于同一范畴;知识增长与能力发展是否有同步、正比关系;如何在教学中把知识传授与智力、能力发展统一起来。大学生能力的形成要经历一个曲折的转化过程,即在知识积累的基础上,经过不断的认识和实践形成技能和智能,并在一些非智力因素的作用之下,进而形成能力(余长,2009)。

高等数学既是培养抽象思维能力的思想方法,也是解决实际问题的有效工具。在高等数学中,新概念的产生不是由大量事实直接反应得来的,而是在此基础上抽象而得。同时,实验科学的发展促进了高等数学的发展,数学和其他自然科学的联系更加紧密,数学的成果既是从其他学科的实验结果中抽象而得,又在抽象的基础上形成公理化的方法应用于其他学科，学科领域广阔而学科之间的联系更加紧密。高等数学是直觉和经验的结合，既需要物理学、几何学的直观指引，也需要严密的逻辑和理论作基础，它们相辅相成。对于高等数学课程来说，大学生学习高等数学的目的是在掌握知识的基础上培养数学能力。在教学内容选择过程中，要选择能够渗透当前数学新观点、新思想、新方法的内容，要采用数学的语言和符号，与时俱进。微积分的具体内容、逻辑顺序虽然多年不变，但是呈现给学生的知识点及围绕知识点强化理解应用的相关例题、习题却始终在变，目的是更好地促进知识和能力的转换。

数学能力的范围非常广，郝文武（2014）在《知识教学促进能力发展的复杂关系和有效教学方式》中归纳的数学能力有数学感知能力，数学记忆能力，数学分析、归纳、演绎、推理等思维想象能力，数学教学能力，数学应用能力，数学发现、发明创新能力，等等。随着社会对人才需求的不断变化，对数学能力的要求也不断提高，尤其是随着信息技术不断发展，计算机和数学的结合越来越紧密。张奠宙（2001）认为高等教育出版社出版的《数学教育概论》中提到的六种能力脱胎于克鲁茨斯基的说法，没有本质的改变，没有反映以计算机技术为代表的时代的进步。对当代大学生来说，应该具备运用数学知识解决生产、生活中问题的数学应用能力，在大数据时代处理数据的能力和数学创新能力，这些应在课程中着力培养。

(3) 高等数学教材。

教材是为课程和教学服务的,我国的高等数学教材是伴随着高等数学课程发展,并不断推陈出新。目前,我国高等数学课程教材不仅种类繁多,更是出现了一批具有代表性的经典教材,如"十二五"普通高等教育本科国家级规划教材同济版的《高等数学(第七版)》、普通高等教育"十五"国家级规划教材北京大学版《高等数学(第二版)》。同时,我国还翻译了不少国外的优秀教材,作为辅助教材和学生的参考用书,如中国人民大学出版社出版的《微积分(第六版)(双语教材)》、人民邮电出版社出版的《普林斯顿微积分读本》。而且,不同学校根据各自需求编写适合自己学校学生特点、课时安排规划、内容难易适度的讲义,不同专业有相应专业教材的选择,如经济类专业高等数学教材、工科类高等数学教材。

传统的高等数学教材在内容的组织和陈述方面注重完备化、形式化、抽象化和逻辑化,这种模式的优点是严密精确,要点突出(张学山,2011)。正是因为这种内容编写方式具有明显的优势,也导致我国的高等数学教材发展至今,一直没有打破传统和常规,教材版本虽然千差万别,但内容大体相同;虽然例题的选择、课后作业的安排有差别,但顺序依次是概念、概念的证明、例题、课后作业;知识高度抽象,生涩难理解,又因为逻辑体系强,教学内容无法自由选择。曹广福、叶瑞芬(2008)认为我国的高等数学教材重知识,轻思想;重理论,轻应用。学者陈映萍、王昌成(1999)

持同样的观点,同时强调,我国教材过分强调各自的体系与完整性,缺乏应有的相互渗透与相互联系,不利于培养学生综合运用数学知识的能力;教材模式单一,内容体系雷同。

(4)高等数学精品课程建设。

精品课建设的目的是通过现代信息技术的发展,促进优质教学资源的共享,推动教学改革,提高教学质量。精品课是具有"一流教师队伍、一流教学内容、一流教学方法、一流教材、一流教学管理等特点的示范性课程"(周远清,2003),既可以服务教师,促进学校间的交流合作及教师队伍的培养,同时也可以提高学生的自主学习能力。

对于高等数学来说,精品课程的建设是推动教学改革,提高教学质量,促进课程发展最快捷有效的办法。从高等数学课程的角度来说,精品课是课程改革的动力,并为改革指明了方向,确保了改革的科学性和有效性。从教师的角度来说,精品课锻炼了教师队伍,尤其是促进了青年教师的提高和进步,并在实践中带动科研的发展;对于学生,精品课切实有效地提高学生数学能力,培养学习高等数学的兴趣。

2.2.2 高等数学课程存在的问题

我国高等数学课程在实践中取得了巨大的成绩,但依然存在一些问题。

(1) 高等数学课程标准缺失。

课程标准对一门课程的教与学有至关重要的影响，它既是一门课程讲什么、怎么讲、讲多少等关键问题的依据，是课程设置与课程安排的纲领性文件，也是大学生在课程学习过程中是否满足预期目标及自身发展需要的参考。我国教育部在 2001 年 7 月基础教育课程体系改革时，颁布《全日制义务教育数学课程标准（实验稿）》等相关文件，提出具体的教学目标和要求。

考虑到大学学科和专业间的差别大，设立课程标准会束缚、限制大学生培养体系和培养思路，同时社会对人才能力、素养的需求是不断变化发展的，而且行业对人才选择的标准也千差万别，课程标准会导致人才培养标准化、模式化，从而失去弹性，所以我国大学教育并没有严格明确的课程标准，主要依赖各学校自己制定的教学计划、教学大纲。由于没有纲领性的文件，课程设置缺少明确指示、课程目标迷茫，使得不少高等数学教师对课程无从下手。对课程的要求概括笼统，容易产生惰性，促使很多院校高等数学课程的教学目标成为一门专业基础课，为今后的专业课程学习做知识准备。目前许多学者主张大学废除教学计划、教学大纲，采用国际通行的"课程目标"（孙泽文，2007），既可以为学校的课程设置与安排留有足够的空间，又有一定的指导性和示范性。

(2) 能力培养目标不明确。

长期以来，我国的学生掌握知识能力不足，在课程学习和教学中，将知识与能力割裂，为考试采用题海战术、填鸭教学，学生掌握很多的数学知识，却缺乏数学应用的能力，导致学生普遍表现出"对语言符号、相关程序和步骤的熟练掌握和运用，似乎具有了相应的能力，当继续深入追问时，对知识没有达到深层意义的理解便显露出来，所具有的能力其实只是对程序的熟练操作而已"（耿飞飞，2014）。

胡弼成（2004）认为，"国内高校的教学长期以来过于注重知识的传承、积累和记忆，以及学科知识的系统性和完整性，对于学生能力的培养缺乏足够的重视。"学校不同、专业不同，人才知识与技能的培养也有所差异，对于高等数学课程学习来说，化工类专业的要求相对低一些，电气类、机械类的要求较高，而物理类、计算机类专业的要求更高（范自强，2010），但课程对能力培养目标没有明确具体的要求。学者尹一心（2004）举例，"经济类本科《微积分课程教学大纲》教学目的与要求提出：通过本课程的学习，学生应获得本学科的基本理论、基本知识和基本技能，并受到数学方法和应用这些方法解决经济活动中实际问题的初步训练，为掌握本专业经济理论和提高专业技能打下必备的较扎实的经济数学基础"，没有体现专业特色，而且课程目标泛泛，没有提出明确的能力要求，也缺乏对情感态度的要求。

（3）教材过于强调课程内容的完备性。

目前，我国大学生普遍存在对高等数学课程厌烦的心理状态，学习高等数学兴趣不浓，厌倦上课，甚至有同学对高等数学课程有严重的恐惧心理，对期末考试过分忧虑。究其原因，高等数学教材的编写存在很大问题。教材内容枯燥乏味，导致学生对高等数学学习的兴趣下降。

高等数学这门课程从 17 世纪下半叶牛顿、莱布尼兹创建微积分理论，到 19 世纪柯西对它的完善，直至最近一个世纪传入中国以来，课程体系与教学内容几乎是一成不变地出现在教师和学生面前（李岚，2007）。教材是教学的辅助工具，上课听讲，下课看书。我国教材理论性、逻辑性强，内容抽象，除了公式、定理，就是习题，缺少对知识来龙去脉的介绍，也没有思想方法的应用，对数学史、数学家的介绍更是寥寥无几。学生很难通过预习读懂教材，而且如果上课听不懂，下课看教材也很难理解，学生对高等数学的学习兴趣就会越来越低。

2.2.3 高等数学课程改革建议

（1）坚持高等数学课程改革，突出数学能力的培养。

2024 年，我国的毕业生超过 1100 万人，随着大学的扩招及大众教育的形成，这样的改变必然会对教育产生深刻影响。各高校间差异大，学生入学水平不均，如何保证教学质量，做到因材施教，协调发展每位学生的能力是大学教育面临的重大问题，课程改革蓄势待发。

为了适应大众化教育和创新型优秀人才培养的需要，很多学者提供了可供参考的意见，主张"加强个性化教育，实施更加开放的学分制或者在基础课教学中突破院系界限，按学生层次编班，分流培养,让学生能根据自己的基础、爱好和志向充分发挥其所长,在其长项上成长为创新型的优秀人才"(马知恩,2008)。

课程改革见仁见智,方法和类型很多,但是改革不能盲目,不能为了改革而改革。我国高等数学课程教育发展的时间虽不长,但是多年的实践已有良好的积累,哪些应该保持,哪些问题应该改正,改革应兼备针对性和可行性。在高等数学课程改革中,应着重培养大学生的数学能力。当前社会需要应用型和创新型人才,对高等数学课程来说,应注重数学建模和数学实验对学生实践能力和创新能力的培养。我国每年都会有全国大学生数学建模竞赛,各高校也纷纷调动学生参与的热情和积极性。很多学校开设数学建模选修课程,培养学生数学建模的能力,也有很多院系成立了数学建模小组,作为课外数学活动和课余兴趣小组。随着信息技术的不断发展,数学实验课程是近些年来数学课程改革的热点,数学实验课程培养学生自主思考、分析问题、解决问题的能力,同时提倡学生主动参与数学研究,是学生变被动学习为主动学习的重要模式。将数学实验课程和数学建模有效地结合起来,将计算机、互联网融入高等数学课程体系中,这样的方式既增加学生学习的兴趣,也培养了学生的数学能力。

(2)加强教材建设,增强选择性和可读性。

教材改革并非易事,而且对于教与学、教师与学生来说牵一发而动全身。当前,高等数学教材面临的问题不是缺乏教材,而是缺乏有创新性、突破性的教材。因此高等数学教材的建设,要有不同的理念，能满足不同学生学习的需要。

高等数学教材不仅要传授数学的概念和理论，还应当告诉学生要思考什么问题、为什么要思考这样的问题，以及应如何解决这些问题（蒋青，2009）。教材不仅要给出必需的定义、定理和公式，还应尽可能地介绍它的来源和应用，尽可能地与生活、与实际的需要结合起来。学生应在学习中了解数学发展的历史，不仅要知其然还要知其所以然，知道知识产生的背景及其发展。了解一些知识发展的背景对帮助学生深刻理解知识的内涵、进一步了解定义和定理及其应用都是大有好处的。同时，对于微分中值定理中有罗尔定理、柯西中值定理、拉格朗日中值定理等，在教材中不仅要介绍这些定理，还可以介绍一些数学家的奇闻趣事，对激发学生学习的热情会有很大帮助。这样设计的教材也将"大大降低数学教材的'冰冷度'、提升它的'温度'，增强学生的爱好，激发学生的求知欲，有利于培养学生的素质"（李伟，2008）。每个学校也可以根据自身情况编写课程讲义，自行确定内容的难度和取舍，也可以把其他教材作为辅助。

（3）建立科学合理的课程标准和评价体系。

制定标准和大纲对高等数学课程来说是极其重要的，有了课程标准才会有相应的评价体系，义务教育阶段的课程标准为高校的课程标准的制定提供了很好的参考。但是，在教育大众化条件下，为防止过多地干涉和束缚，同时给各高校人才培养一定的自主性和灵活性，统一的课程标准很难实现，可以设立一般标准的课程参考，在一般标准下,各院校根据实际情况制定具体的教学大纲。教学大纲要具体,要有明确的教学目标,包括对知识、能力、情感和态度的要求,为教与学提供支持。学者董毅(2010)在研究中认为,分类制订"高等数学"课程教学大纲,改变现行教学体制下的将学生分为工科、文科两个不同的层次进行教学,专业特色和需求难以兼顾,根据不同专业对高等数学教学内容需求不同及应用型人才培养上的要求不同,分大类制定与不同专业培养目标相适应的"高等数学"课程教学大纲。

教学的目的不是考试,考试只是检验教学的方法和手段。很多学生学习高等数学的原因是应付考试,也有很多教师单纯地为考试而教,考什么内容讲什么内容,因此教学评价很重要。对于高校而言,过程考核和实践考核更具实际意义。目前已有很多高校将考试成绩分为平时成绩和期末成绩两部分,其中平时成绩包括出勤率、作业情况、课堂表现、平时测验等,对学生平时学习情况有更好的督促和监测作用。期末考试的方法应该灵活多样,避免"一张卷"的形式。黄福军(2013)在研究中认为,学生的实践考核成绩可以要求学生针对一个实际问题,通过建立数学模型,撰写出一篇言简意赅的数学应用论文来获得,在具体的实践考核中,"可以让学生两三人自由组合、协同攻关,一周完成任务,并保证人均完成一篇论文"。课程标准和评价体系设立的最终目的,都是为了更好地促进人才培养。在考试过程中,应淡化计算和证明,充分考查学生的数学能力。

2.3 大学生数学推理能力培养综述

2.3.1 大学生数学推理能力培养现状研究

（1）大学生的数学推理能力。

推理的结果并不总是可靠的，首先进行推理的判断是建立在个人经验基础上的，其次由已知推得未知方法的选择是多样的，因此得出的结论可能是正确的，也可能是错误的。为了提高推理结论的准确性，推理的过程需要进行引导和调整，而课程就是促进学生推理能力提高的媒介。数学被认为是培养推理能力最好的课程之一，培养思考问题、解决问题的方法，进行思维训练。通过高等数学的学习则可以提高大学生的数学推理能力。

逻辑思维是学生数学能力的基础和核心，逻辑思维包括概念、判断和推理。推理是重要的逻辑思维形式，也是思维的高级阶段。波利亚（2001）于1954年发表的《数学与猜想》中，明确将数学推理概括为演绎推理与合情推理。我国21世纪数学课程标准中指出，演绎推理是根据已有的事实和正确的结论（包括定义、公理、定理等），按照严格的逻辑法则得到新结论的推理过程；数学的合情推理是根据已有的事实和正确的结论（包括定义、公理、定理等）、实验和实践的结果，以及个人的经验和直觉等推测某些结果，归纳、类比是合情推理常用的思维方法（邵光华，2009）。顺利实现数学推理需要能够建立起推测问题、发展并评价数学论证的过程、选择并使用多种表示方法（National Council of Teachers of

Mathematics，2000）。

目前，有关数学推理能力的研究很广泛，对学生的图形推理、几何推理、类比推理、演绎推理水平等都有研究，但研究范围主要集中在中小学，对大学生的数学推理研究相对较少。但是，大学生的数学推理和中小学数学推理有较大不同。从大学生能力构成上来说，大学生的数学推理能力是大学生能力的组成部分。能力的发展是个体在知识、实践及经验共同作用的基础上形成的一种稳定的个性心理特征，与有效的外部条件与知识培养、在实践中积累的经验有重要的联系。因此，大学所学的课程、课堂教学的效果对大学生数学推理的培养有至关重要的作用；大学生生理和心理已发育成熟，有独立思考和自学能力，具备了形成更高级推理能力的身体条件和心理条件；大学生有更充分的知识储备，在学习和生活中，能够独立进行实践并且在实践中自我发展和提高，所以大学生的推理是一种更高级的推理。

（2）大学生数学推理能力的特征。

数学推理研究的形式非常广泛，演绎推理、合情推理的相关研究都有涉及；同时，研究又将数学推理具体细化，几何推理、图形推理、类比推理等均有比较完善的研究；此外，研究的对象具有典型性，如对后进生或尖子生的数学推理特点研究的范围非常广泛，学龄前、小学、初高中都有。目前已有的研究中，关注中小学阶段最多。我国中小学对推理能力的培养，有其群体的一般特征，研究群体的特征既能加深对群体思维共性的认识，也可以有区别地对待推理能力的培养和发展,实现学生思维发展的整体性与针对性的有效结合,对学校教育水平和质量的提高有重要的作用。对大学生数学推理能力的研究相对缺乏,主要原因是认为大学阶段思维模式已不具可塑性,推理已不再是数学培养的结果,而是数学学习的过程(王志玲,2018)。

对于一般大学生而言,从年龄上来说,大学生入学时已满18周岁,身心发育基本成熟,有一定的思维能力、语言表达和交流能力、良好的观察能力及社会经验,有强健的身体和积极健康的心理。从人的思维发展而言,这个时期生理对思维发展的影响不明显,表现为个体思维的差异性缩小,都已具有较成熟的思维能力。林崇德(1982)根据4~20周岁中国被试人群脑电波的发展与智力发展的关系研究发现,人脑发育过程中有两个显著加速期,一是5~6周岁,二是13~14周岁,是逻辑思维发展的关键年龄。大学阶段,学生已度过逻辑思维快速发展期,思维发展基本成形,进入成熟期。在个体成熟期中,大学生的逻辑思维在之前的学习中已经有了较高层次的发展,达到了一定的水平,有较高的抽象思维能力,具有一定的稳定性。随之而来的是,处在高水平的思维进一步发展存在较高难度,心理过程和个性特点的相对稳定,导致学生思维的可塑性较小,培养和发展存在一定困难。但另外一方面,外界环境,或者说是学校教育,对个体思维发展的促进作用及重要性会得到显著提升。从个体推理能力发展来说,大学作为高等教育,是个体接受学校教育的最后阶段,以培养学生的自学能力和综合素质为主，当思维的生理性因素退去后，对学生综合能力的培养变得更为重要。

大学生已具有一定的认知能力，推理的构成形式复杂。数学推理同逻辑推理相同，都包含前提、结论和推理形式。没有任何一次推理脱离推理的结构，每一个环节都真实存在且不可省略。前提是已有信息，决定了思维的广度和深度，是推理的出发点和根据；结论本身就隐含着前提，结论是相对意义的概念，是从前提角度而言，结论也同样可以成为下一次推理的前提，二者之间无明显界限；推理是将原本无组织和无联系的一些想法，找到之间存在着的某种联系方式，并且这种联系是有逻辑的、有规律可循的，这需要发现和获取新的事实和属性，称之为推理形式。前提和结论之间建立的联系，需要一定的推理规则，依据客观事实，否则不能称之为推理。

大学生有丰富的知识积累，有独立思考和学习的方法，数学推理与逻辑推理在思维方法上相同，因此数学推理的特征也源自逻辑推理自身的特征。逻辑推理是所有思维活动形式中结构最复杂的一种，是高级思维通过已知获得未知的过程。逻辑推理是一种有意识的活动，需要精心设计并遵守一定的规律。已有的知识和经验在人脑中是含糊而分散的，逻辑推理的过程首先要将这些信息重新整合，形成有机整体，并由此而形成一个明确而清晰的认识。

大学生已具备对思考的结果主动进行求证的能力，能够通过已有知识和逻辑设计实验。每一次推理的过程都包含着思维的双向结构，我们既可以从推理的前提下顺到结论，也可以由推理的结论上追到前提。在真正的推理活动中，思维的态度是在获得结论前，不断地寻求、搜查、预测和试探，用以完善推理的前提，得到更准确的判断，直到获得结论（约翰·杜威，2014）。推理运动的起点建立在将已知的方方面面都仔细用心做到尽可能准确无误的基础上，是由特殊到一般的过程，称之为归纳性发现；推理在进行判断过程中，会走向展现、应用和检验的运动，在一般性认知的基础上重新回到需要考查的特殊情境，称之为演绎性证明。每一次推理及每一个推理的过程都包含双向结构，即使在获得结论后，仍要回想整个过程各程序间是否符合最初设定的逻辑规律，并以此形成一定的思维习惯。

大学生有逆向思维并会进行反思。推理的结论需要检验，并不是所有经过推理获得的结论都是真实有效的，没有得到检验的结论不能被认定为规则。结论存在问题的可能因素并不只针对推理的结果，推理的方法、推理的过程，甚至推理的前提和判断中出现错误，都可能影响推理的结果。当推理结果不当时，需要开始进行反省，调整前提和判断，去伪存真，进入新的整合，这本身就是思维发展的过程。即使推理的整个过程都是恰当准确的，但由于人的认识及经验的不足，也会对推理的结果造成影响。因此，推理的结果需要被证实，而证实结论的过程也是检验结论的过程。思维的价值由行为来检验，思维的结果也应由行为来检验。只有获得经过检验的结论，推理的整个过程才算实现。检验不仅可以丰富完善推理的过程，也可以成为下一次推理的开始。

总体来说，大学生的思维能力培养，与其他教学对象相比有其特殊性。大学阶段学生思维的整体性较强，大学生具有较强的辩证思维与独立思考能力，思维过程更加严谨、完整、成熟。在此基础上的学习和自我发展过程、实际操作能力和创造性思维能力都处于较高水平。随着时代快速发展，现代科学技术、信息化水平的不断提高，教学内容、教学方法、教学规律发生改变，会进一步促进大学生推理能力的提高，对大学生逻辑推理能力的培养产生重要影响。

（3）大学生数学推理能力的分类。

根据不同的分类依据，推理的分类方法很多。根据在逻辑学中的分类，推理可分为形式逻辑推理、数理逻辑推理和辩证逻辑推理；前提真、结论真的推理是必然性推理，而前提真并不能推出结论真的推理是或然性推理；根据判断的次数及复杂性，推理分为直接推理和间接推理。波利亚在《数学与猜想》中将数学推理简单地概括为两大类：合情推理和演绎推理。当前，我国大学生数学推理能力的讨论和研究主要以合情推理和演绎推理为主，但为了研究的具体实施和测量方便的需要，本书又对数学推理进行了细化，有归纳推理、类比推理等。

①演绎推理。

不同的推理方式在作出正确推断过程中都需要遵守逻辑规则。演绎推理是在某些前提成立的条件下作合乎逻辑的推理，必然会推测出严谨、准确的结论。数学中的演绎推理是根据一个或几个已知的命题，推断出新的命题的思维形式，是一种必然性推理。数学中的定义、法则、公式、性质、定理等都是运用演绎推理得到的结果。演绎是从一般到特殊的思维方法，是数学中最基本的也是最重要的思维形式。演绎推理是从一般到特殊的推理，前提与结论间存在一种必然性联系，即如果前提是真，那么结论一定真。因此，在进行演绎推理的过程中，前提是否符合逻辑会对结果产生重要影响。如果前提是简单判断，则称为简单判断推理；如果是复合判断，则称为复合判断推理。

②合情推理。

合情推理是从特殊到一般的推理，简单地说就是从小范围成立的命题推断到更大范围内成立的命题推理，归纳推理和类比推理都属于合情推理。抽象认识都是来源于对实验、感知、表象的归纳，启发学生进行观察、比较、类比，从个别及特殊中总结出一般规律，是一种创造性、创新性的思维。数学中的证明是通过猜想并经合情推理发现的，数学发生、发展的过程本身就是合情推理（波利亚，2001）。合情推理的形式主要有归纳推理与类比推理，归纳推理和类比推理是数学学习和研究中的基本方法。

③归纳推理。

归纳推理在日常生活中有着广泛的作用，是生产、生活等社会实践中经常使用的思维形式。归纳推理是指从已有的经验和概念出发，由个别的事物或现象按照某些法则所进行的，前提与结论之间有或然联系，推出该类事物的一般现象或普遍规律（金岳霖，1979）。归纳推理所需要的前提条件并不一定是严格的定义或概念，甚至可以是一种潜意识或者约定俗成的认识；在进行判断时，并不一定需要按照规定或法则，只需某种合理性；得出的结论与前提之间的联系并不一定是必然的，只需要一种或然的可能。事物的发生、发展过程都是共性中有个性，个性中有共性，共性与个性相辅相成，符合人类认识的规律。归纳推理的重要意义就在于从诸多的不同及个性中，发现带有普遍性与一般性的共性规律。

归纳推理可以分为完全归纳推理和不完全归纳推理。完全归纳推理是指分析某类事物每一对象，发现它们都具备某种属性，从而推出该类事物都具备该属性。因此，完全归纳推理需要考查某类事物的全部对象，且每一对象都具备某种同一属性，其前提与结论之间关系是必然的，是一种必然性推理。完全归纳推理由特殊上升到一般，人的认识上升，对事物的认知更全面；完全归纳推理在论证过程中使用的论证形式，是强有力的论证方法。在认识事物的过程中，由于受到客观因素的制约，对有些事物很难认识全部对象，但是可以从若干对象，或部分对象中推出一个有关该事物的某种属性，这就是不完全归纳法，包括枚举法和科学归纳法。

④类比推理。

类比推理是从两个对象的某些相似性或一个对象的一个已知特性从而推出另一个对象也具有这种特性的推理过程（王亚同，1999）。类比推理是对某一类具有相同属性的事物进行比较，是已有经验和所得推论之间的纽带。类比推理的前提是两个或多个事物具备某些相似的属性，可以推出一个对象也具备另一个对象的其他属性。目前，已有的有关类比推理的研究主要分为两大类：一是依据类比推理的本质，研究智力测验的基本原理，编制语言和图形两种类比推理测验，根据测验结果对类比推理的心理机制、认知成分及脑生理活动进行深入研究；二是研究类比推理与问题解决的关系，通过相似性问题解决，根据行为分析影响类比推理问题解决的因素（冯廷勇，2008）。

在应用类比推理过程中，相似性是类比推理的重要条件，而确定并总结出相似性是类比推理的必要条件。类比推理为人类思维和问题解决提供了一种新方法，其优势在于对未知进行探索的过程中不必直接去解决问题，可以利用具有一定相似性的已知事物进行参考，至于得出的结论是否可靠可以进行检验。因此，类比推理不仅可以适用于知识领域，也可以作为方法和策略去解决实际问题，应用非常广泛。

归纳推理和类比推理都在数学发现中起主要作用，数学问题的提出和解决，如概念与命题的形成都依赖于归纳推理，类比推理是启发式推理与因果关系推理的核心，类比推理是学习者推理思维训练的常用方法。合情推理的结果虽然需要进一步验证，但其基本思想是发散思维，是具有创造力的推理（波利亚，2001）。从心理学的角度研究推理，合情推理主要通过人的推理过程与逻辑规范之间的比较来探明推理是否有效及其内在的原因，以获得人类推理活动的心理实质。相对于特殊到一般的推理，无论是归纳推理还是类比推理，都会受到一些不可控的客观因素的限制，如归纳过程中获得的信息缺乏，或者因为对相关性了解较低而无法进行迁移类比。但是对演绎推理的相关研究，因为其假设与结论之间的必然联系，使得学习者在理解前提的基础上获得结论的准确性、严格性加强，从结论中可以明确得出学习者是否合理运用规则或推理过程存在哪些问题，因此演绎推理在心理层面的研究更直观也更广泛。虽然在数学教学过程中，为了通过证伪来让学生接受概念和命题的需要，证明性的方法和思维在学习中占据重要地位，但这并不能说明演绎推理比归纳推理更重要。对于数学而言，为了证明进行的演绎推理和为了推断进行的归纳推理，把两种模式结合起来，就得到了数学推理的全部过程：从条件出发，借助归纳推理"推断"数学结果的可能性，借助演绎推理"验证"数学结果的必然性。或者，进行一个相反的推理过程：从结果出发，借助归纳推理"推断"数学条件的可能性，借助演绎推理"验证"数学条件的必要性（史宁中，2015）。

（4）大学生数学推理能力培养的目标。

学校教育中，课程与能力培养应存在这样一种关系。首先，学校应着力培养对学生今后个人发展、社会进步极其重要的能力，使学生能够应对未来的种种挑战，满足学生今后发展的需要，并对社会有一定贡献。其次，针对上述能力的培养，应选择与之相适应、培养能力最有效的课程。数学课程与推理能力存在这样的关系，数学被认为是发展智力和逻辑思维最好的学科。大学生数学推理的能力培养，应满足社会与个人两方面的需要。

从社会发展的角度来说，推理推动了社会进步，促进经济建设、科技进步，进而提高综合国力。社会需要高素质的劳动力资源，高等教育为国家培养高级专门人才，高级专门人才的重要性在于对未知的探索和对问题的解决。探索在于改进和创新，而推理是将未知通过合理的思考转化为已知，或者通过已知推出未知以寻找解决问题的关键。对于问题的解决，是由未知到已知的过程，在得出未知的过程中，首先要进行推理，而推理的过程则是由已知思考未知。数学推理是由已知了解未知，扩充知识的重要途径，是进行不确定性探究的重要方法。社会与个人的发展是相辅相成的，社会为个人的发展提供了空间和所需条件。对于个人发展而言，良好的数学推理的功能体现在方法的重要性和思维的重要性。数学是自然学科的基础，数学的思想方法是多门学科的基础，对其他学科的学习有良好的促进作用。数学的思想方法既指在数学学习中应用的具体方法，也指将数学推理作为一般方法进行推广。数学推理是数学思想方法之一，数学学习需要数学推理，并在学习的过程中强化数学推理能力的发展。数学学习的过程是理解数学概念、定理，并在此基础上解决数学问题的过程。这既是数学学习的过程，也是数学推理能力培养的过程，通过对数学问题解决能力的训练和培养，强化推理能力的训练。同时，推理将从数学的学习发展到一般性的学习，成为解决工作、生活中具体问题的一般性方法。当掌握这样求解未知的方法后，会更加激励人们探索未知，寻求解答，从而推进社会的发展进步。除此之外，思维与行为之间存在双向作用。思维指导人类活动，使得具体行为有明确的目的性和预见性，不是盲目所为，而是会在行为过程中寻找最优方法。在思维指导行为的过程中，个人的行为方式会反过来作用于思维，正如数学推理的意义在于解决数学问题，而在解决问题的过程中，思维会得到有效发展。

数学素养的培养代替"题海战术"，素质教育取代应试教育，我国的学校教育进入新时期。数学的课程目标不再单纯地只关注证明和计算，在数学知识学习过程中更注重对能力的培养。数学思维是数学知识与能力的纽带，思维的发展是能力培养的核心要素，贯穿整个学习发展的阶段。更深入了解学生真实的思维活动是数学教育研究和发展所面临的最为重要的挑战（郑毓信，1998）。数学推理作为数学思维重要的核心组成部分，培养学生的数学推理能力应当作为数学教育的中心任务，这是2002年8月在北京召开的第24届国际数学家大会上，数学教育圆桌会议所达成的基本共识（宁连华，2003）。大学教育是学校教育的高级阶段，大学生的思维水平也达到高等层次，需要结合高等数学课程更好促进大学生推理能力发展。

（5）大学生数学推理能力的重要性。

推理是生产、生活中必须具备的重要的能力，当前，我国正积极开展学生素质教育。能力是素质的重要组成部分，对个体和社会的发展都非常重要。

关于推理能力的重要性，朱晓鸽（2009）在《逻辑析理与数学思维研究》一书中进行了详细阐述：一是解决和论证问题的重要手段；二是根据已知推未知，扩充知识的重要方法；三是从实践中间接获得知识的必要途径。关于上述推理的重要性，学者们也针对高等数学课程对大学生推理能力培养的重要性进行了具体解释。耿俊茂（2006）认为，"大学生的记忆、观察、想象、感受等都是在抽象思维的指导下进行的，而在抽象思维过程中需要经过严格的逻辑推理才能得出结论，大学生只有具备抽象思维和逻辑推理能力，才能正确认识世界，认识并掌握客观规律，从而更好地科学地改造客观世界"。学者冯秀梅（2013）认为，推理能力往往比具体的科学知识本身更重要，它是学生获取新知识的基本方法，帮助学生更好地理解事物间的逻辑关系，是取得好成绩所需要的基本能力。周正、辛自强（2012）认为合情推理能力能对工作、生活提供巨大的帮助，"人类概率推理和概率表征的特点对个体的决策和问题解决有着至关重要的影响，数学能力较差的个体的决策能力不及数学能力优秀的个体在推理时能更好地避免无关信息的干扰"。

2.3.2 数学推理能力培养的研究

（1）高等数学课程与大学生数学推理思维。

推理是人们思考问题、解决问题基本的思维方式，数学学习中常用的思考方法就是推理。推理能力的发展应贯穿于整个数学学习过程中（义务教育数学课程标准，2011）。与义务教育不同，大学由于学科和专业的不同,没有制定严格统一的课程标准,因此没有对高等数学推理能力培养纲领性文件的具体介绍。但是,作为高等数学课程来说,培养大学生推理能力是重要的人才培养目标。

从高等数学课程自身特点出发,高等数学知识抽象、理论严谨、内容逻辑性强,对学习者的数学能力有很高要求的同时,也极大地促进思维和认知能力的提高。王爱民(1995)在《高等数学教学中加强学生能力培养的实践与研究》提到,"高等数学与其他学科相比有着根本不同的特点:数学定理的获得不是建立在实验基础上的,而是从自身的公理化系统出发,进行严格演绎推理来加以证明的"。思维和认知能力的提高决定着推理能力的发展,高等数学课程的特性决定了其在培养学生推理能力方面的优势。

概念—判断—推理的过程符合人类对客观事物认识的发展过程,思维在最初阶段需要接受新的知识或概念,在已有经验的基础上不断形成新的思维逻辑体系,用来对所获材料进行分析和判断(孟文静,2007)。概念、判断和推理是逻辑思维的重要组成部分,对高等数学内容而言,主要包括概念(定理和定义)、证明和习题,每部分都遵循思维的发展规律。首先要充分理解概念,概念是判断和推理的依据,只有充分地理解概念才能作出合理的判断和推理,所以在教学过程中教师应重视概念的重要性。而且,高等数学课程内容高度抽象概括,是出于知识传授和学习的需要,在长期对微积分相关内容进行提炼的基础上,形成的逻辑严明的理论体系。因此,高等数学的概念、定理与性质,抽象难懂,对学习者的学习能力与逻辑思维能力有较高要求（李雅瑞，2002）。

（2）不重视大学生推理能力的培养。

虽然运算能力、逻辑思维能力和空间想象能力，被称为数学传统三大基本能力，但是由于提出的时间早，其间又经历了多次课程和教学改革，再加上社会产业结构的变化对人才需求的影响，导致很多高校教师错误地认为数学三大基本能力是针对中小学阶段能力培养的目标，而到了大学阶段，这些基本能力已经形成，无须再继续培养。但是，推理能力的形成是一个缓慢的过程，从简单到复杂、从初级到高级、从单一到多元不断发展。无论高等数学还是初等数学，能力培养的目标没有改变，只是内容和层次发生了变化。与中小学生简单的数学推理要求不同，大学生认知水平较高，其对于复杂信息理解、提取、操作的能力也更高，推理层次要求也就更高。

（3）对大学生推理能力的培养不具针对性。

高质量的教育应以研究和掌握学生心理发展规律、经验活动水平为前提，关注不同阶段的学生在推理能力水平上呈现的不同层次，提高培养学生的推理能力实效性（吴宏，2004）。同时，推理能力取决于人已有的知识，而知识的掌握程度，取决于人既得的经验与教育（约翰·杜威，2015）。很多高等数学教师认为高等数学内容抽象，学生不易理解，又怕浪费课堂时间，因而忽略对学生推理能力的培养。

大学阶段基本已属于个体的成年初期，个体的思维形式已从逻辑思维向辩证逻辑思维发展，表现为在推理程度上不仅能够进行推理，还能对推理结果进行论证和反思。大学生自我意识强，有一定的自学能力和自学条件，思想上容易接受新事物，也更容易受新事物影响。而且，在多年的学习中积累了丰富的知识和经验，这些都是教师在教学中为促进推理能力发展应该充分重视的条件。

（4）教与学的方法阻碍学生推理能力的发展。

教师过分地主导课堂教学导致学生学习懒惰，教师的讲解替代学生的推理过程和学生学习高等数学主动性较低是阻碍大学生推理能力发展最主要的两个因素。

董毅、周之虎（2010）认为高等数学在方法上一直沿用注入式、满堂灌的教学方法，偏重概念的讲解、定理的证明和公式的推导，造成了学生的思维惰性，抑制了学生思考问题的积极性，不利于培养学生独立思考问题和解决问题的能力。刘靖（2013）认为，大一学生刚从中学升入大学，对高等数学课堂教学课时少、容量大的特点还不太适应，对教师的依赖心理较强。同时，很多学者通过调研，发现学生学习高等数学的兴趣普遍较低。虽然造成学生对高等数学学习兴趣低的原因多且复杂，但却都会成为提高学生推理能力的制约因素。

2.3.3 教师与数学推理能力培养的研究

对于大学生数学推理能力的培养，涉及最核心的两个问题如下：一是大学生的数学推理能力如何获得；二是如何更好地培养其数学推理能力。了解学生如何在学习的过程中理解抽象、课程及教学如何帮助学生理解抽象、学生对抽象的理解获得思维的哪些变化，对这些问题的研究或是培养、训练思维的最佳途径。关于高等数学课程对大学生推理能力的培养，已有很多门类的研究，有关课程与内容、学习方法、教学方法，心理学、教育学的相关研究均有。但是研究对象比较客观，主要运用数学内容本身具有较强逻辑性的特点，而对推理能力培养的主观因素研究较少，比如学生自身学习及思维习惯、推理方法的培养，以及教师在培养学生数学推理能力时的重要作用。

（1）教师应重视学生推理能力的发展。

推理是个体主观行为，是推理主体有意识地进行分析、判断、论证的过程。在进行推理之前，学习者已掌握的知识及获得这些知识的方式会影响推理。学习是一种行为模式，具有一般性及稳定性的特点，这种行为模式会逐渐发展成个体的认识系统，因此个体在接受新知识时会不假思索地使用自己的认识系统（博格西昂，2015）。认识系统是一组原则，用来判断和推论，然后形成一般认识，这使得新知识总是与旧知识有某种联系，基于此建构主义理论认为个体认知的发展必须建立在主观建构的基础上，在建构的过程中已进行了判断和选择，建构的过程本身也是推理的过程。建构主义强调学生学习的主观能动作用，学生是建构的主体，但不代表教师在学生学习过程中不重要。教师的主导与学生的自主学习相结合才促进学生推理能力平衡发展，教师在学生推理能力培养中有不可替代的作用。

能力不是单一、独立的,能力的构成和发展综合而复杂,推理能力对学生思维发展、综合能力的提高至关重要。董毅和周之虎(2010)认为教师在教学内容的处理上要有艺术,凡是学生能够看懂的和能解答的问题,可以不讲;凡是学生能将学过的知识纵横联系、互相沟通、适度引申、形成结构的,教师不要替代。学生理解和解答问题的过程就是推理的过程,应让学生自主推理代替教师过多地讲解;如果学生在推理过程中遇到问题,教师可以试着将知识进行串联,以便学生可以更好地推理。尹一心(2004)提到,在教学活动中教师应重视启发引导,引导的特点是含而不露、指而不明、开而不达、引而不发。教师应为学生提供参与教学活动的机会,创造条件让学生有独立观察、思考、探索、推理的机会,从而使学生的学习过程成为在教师引导下主动的、富有个性的过程。启发教学最大程度强调了学生在教学中的主体地位和教师的主导作用,使学生获得丰富的推理机会。

(2)针对学生和学科的特点,培养学生良好的推理习惯。

高等数学课程改革和具体教学方法的采用应具有指向性和针对性,针对高等数学内容高度抽象、学生理解较为困难等问题,教师在课堂中应采用多种方法,将知识直观细化,为学生的推理创造条件。在推理能力培养中,笔者一直在强调教师的重要性,原因在于思维需要训练和引导,甚至在学生思维训练的具体过程中需要教师的调节。对大学生推理能力培养来说,教师在课程实施过程中需要注意高等数学思维及大学生群体特征两方面内容。高等数学思维中的推理的基础是模仿,而模仿的对象既包括对书本知识描述的模仿,也包括对教师的模仿。因此,教师为培养推理能力而对学生作出示范,教师应该有明确目的地向学生示范推理过程,并在推理过程中教会学生推理的方法。同时,与中小学生相比,大学生在推理方面有其群体的特殊性,教师在培养其推理能力过程中应充分利用这些特性。大学生已在推理能力的培养过程中,学生与教师之间的平衡需要在研究中明确。大学生已掌握一定量的基础知识,有基本的推理能力,对学习有自我的态度和自主支配性。教师不能忽略大学生推理能力的培养,不仅要通过自己的讲解替代学生的思考过程,也要给学生足够的思考空间,更应该鼓励学生进行推理,并在推理的过程中由教师进行指导和调整。

养成良好的推理习惯有利于提高学生的推理能力,大学生的推理应上升到高级推理,推理过程必须严谨且有依据,不能异想天开,但要注意严格的推理要求不要束缚学生的思维。程祖德(2007)阐明,应培养学生严谨的思维,具体表现在指导学生严格遵守思维规律,养成严谨的思维习惯。严格遵守思维规律,推理严谨,言必有据,这是逻辑思维的核心问题。高等教育的目的就是培养学生科学的思维和态度。在做到培养严格思维的同时,还应要求学生对自己的推理进行论证。李忠(2012)强调,数学研究中,在其探索阶段或许会用到归纳的办法。但是,归纳出来的结论,不能作为定论,而只能作为一种猜测,有待于将来的证明或者否定。这就是说，数学中要确立一条规律只能依靠严格的逻辑推理，而不能靠经验或实验数据，更不能靠人们的直觉或想当然。

（3）教师应为学生创造推理条件。

对于逻辑思维的全过程，教师在注重推理过程的同时，要注意推理的前提条件、概念和判断，而准确理解概念则是前提条件。在课堂中，教师应该注重对概念的理解，而不是单纯要求计算和解题。丘维声（2015）提到高等数学课程对学生推理能力的培养，通常是一开始教师给出数学概念的定义，接着写出有关的定理，然后对定理进行证明。这种教学方式既可以让学生学到数学的概念和定理，又可以训练学生的逻辑推理能力。胡泰来（1995）认为，在辅导教学中，学生明确概念并能应用概念沟通解题思想并简化推理过程的例子是屡见不鲜的。正确地理解概念和训练有素的概念思维能力，可使学生对推理和运算进行正确的判断和检验。由于数学科学严谨的推理性，决定了做好概念教学是知识传授的首要条件，如不重视基本概念教学或学生尚未正确理解和掌握概念，急于求成进行推理论证，学生就会难以接受。

学生推理能力的发展，经历了课程培养与自我发展二者的共同作用，教师的指导训练促进了个体内在与外界更好地融合。高等数学课程是培养数学推理能力最快捷、高效的方式，而高等数学教师是大学生数学推理能力培养的主体承担者。教师的教学过程就是为学生学习创造行为模式的过程。思维的发展依赖于学习，而推理主要是将从学习中获得的经验应用于对未知问题的判断和理解，是个人大脑神经、生理、心理共同作用的结果，是主观的，也是内隐性的。建构主义的四大要素是"情境""协作""会话""意义建构"，个体主观能动作用是决定性因素，学生是学习的中心，教师不是传授者和灌输者，而是学生学习的帮助者、指导者、促进者。学习环境中的情境必须有利于学生对所学内容的意义构建，而不是被动接受。教师是学生进行思维锻炼的引导者，教师可以传授学生知识、教授学生学习的方法，这些内容是外显的。如何将知识与能力统一，通过外显的教学方法促进诸如推理能力这种内隐性的主观能动行为的发展，需要教师通过有效的教学设计进行传授和引导，这样才能更好地培养学生的数学推理能力。教师不能要求学生生硬地记忆和背诵讲授内容，应针对教学内容、目标进行教学设计，促进学生对具体研究内容内在本质规律进行全面的理解。教师可以通过教育中的训练与指导，促进学生在高等数学学习过程中充分发展理性思维，培养逻辑分析能力、促进思想方法提高，使得推理的结果合理有效。

除此之外，在培养学生推理能力的过程中，如果教师善于并合理运用多媒体，则会获得更好的教学效果。李金珠（2015）提到，利用多媒体设备可以增强学生的空间想象能力，在几何数学教学过程中，在制作模型、画图、识图时，可以让学生进一步对图像进行描述，同时对图形进行分类、整理等。在现实世界中，通过认识、理解几何空间，进而在一定程度上帮助学生形成空间观念，从逻辑的角度进一步帮助学生弄清几何空间的现实意义。对高难度及抽象问题理解得深刻，不仅能帮助学生进行推理，更能提高学生推理的积极性和准确性。

到目前为止，虽然关于学生的心理状态是否会影响学生的推理并没有准确的结论，但是已有很多的研究表明学生在数学学习过程中的焦虑会影响学生数学的课业成绩。对推理而言，虽然推理被当作理性思维的重要组成部分，但在之前的讨论中已阐明理性思维会受到感性思维的影响，学生对数学学习的情感态度也将影响数学思维的发展。因此，教师在传授知识、培养能力的同时，也应注意大学生的情感态度和价值观，降低大学生在高等数学学习中的焦虑感，鼓励学生积极进行推理。

2.3.4 数学推理能力培养未来发展的研究

人才能力培养模式不断推陈出新不能流于形式，只因为新的模式名字新颖、优点突出就照搬照抄，忽略了高等数学自身的特点，不能为了创新而创新；也不能故步自封，因循守旧，导致学生对枯燥的讲授厌烦，失去学习的热情和兴趣。能力培养模式的改革和创新要遵循课程及学生的特点和能力培养规律，如何改、改多少才能既重视知识学习又突出能力培养是今后高等数学课程改革研究的目标和方向。

同时，以培养大学生数学创新能力和数学分析问题、解决问题能力为主的数学建模课和数学实验课是高等数学课程改革和发展的新方向，已在越来越多的高校广泛开展起来。因此，相应的对大学生数学应用能力、创新能力等数学能力的研究在大学生能力培养研究中占较大比重。思维的过程不能细化和分解，不能简单地将推理作为思维的一部分或一方面割裂出来，其中也必然存在推理过程。所以在能力培养的具体过程中，教师如何在课程中协调推理能力与其他多种数学能力共同发展，既发挥推理的作用，又促进推理能力的提高，应在今后的研究中有所深入。

2.4 我国高等职业院校课程与人才培养综述

高等职业教育为国家培养高级专门技术型人才。《国务院关于大力发展职业教育的决定》中对职业教育有具体规定，职业教育应以社会主义经济发展为需要，培养高素质技能型专门人才服务社会。总体来说，我国高等职业教育从数量到质量获得了长足发展，形成了一定规模，在我国高等教育中占重要地位，为我国培养了大批高技能型人才。党的二十大报告指出，我国已从人口大国转变为人力资源大国，并将进一步走向人力资源强国。

2.4.1 我国高等职业教育的定位

教育应符合经济发展趋势，顺应社会进步潮流。高等职业教育既是高等教育，也是职业教育，兼顾二者共性，同时具有自己的特殊性。与普通高等院校以培养综合性人才的建设与发展不同，高等职业教育面向生产、面向管理、服务一线，为企业和生产输送应性技能型人才。因此，职业教育更贴近经济发展，也更容易受社会经济形态、产业结构，及国家方针政策的影响。明确我国高等职业教育的定位，是明确人才培养思路、提高人才质量的重要保障，也是建设高水平职业教育的前提和关键。

高等职业教育因职业需求不同，教育的方式和理念多种多样，不同学者根据不同的需要，确定高等职业教育的发展方向、建设重点、办学理念。李定清（2006）认为，高等职业教育的定位既要有纵向上的层次定位，又要有横向上的类型定位，同时还要有整体的把握，应该包含目标、类型、层次和服务面四个方面。其中，目标以能力为本位，类型应按照职业具体岗位而设，层次要包括高职专科、应用本科和应用硕士，服务要面向生产一线。

刘晓、石伟平（2012）认为，高等职业的定位应体现高等职业教育与中等职业教育之间的差异性，即在职业能力培养过程中对学生的技能培养要求更高，还应培养学生的基本素质；同时还应包括高等职业教育与普通高等教育间的区别，要以岗位职业能力为教育教学的核心和重点，突出技能型人才的培养。

周建松（2014）认为，高等职业教育的定位应以人才培养的"双重性"为基础，要在人才培养过程中体现职业性和高等教育的双重功能，并且不能偏废。高等职业教育既能够满足经济社会发展过程中对人才的需求，表现为能够满足区域经济的特色发展，提供多种规格、不同层次的技术、技能型人才；又要关注高等教育本身对学生素质的发展提高，满足学生终身发展的需求，实现学生可持续发展。

2.4.2 我国高等职业教育的人才培养

教育的根本及最终目的是培养人才，人才的质量是参与国际竞争、推动社会经济发展的根本动力，而教育首先应解决的问题是"培养什么样的人才"和"怎样培养人才"。不同的行业因其岗位及技术特点不同，对人才的需求和标准也不同；不同的职业学校，办学模式、办学条件不同，具备的人才培养优势和特点也不同。我国高等职业教育应充分利用多样性，发挥所长，培养满足实际需要的人才。

王明伦（2002）认为，我国高等职业教育的人才培养应注重全面性、多样性、国际性、实践性、发展性五项原则，应构建宽口径、强基础、重实践、图发展的人才培养模式。高等职业教育应培养全面发展的高素质人才，不仅应有丰富的理论知识、较强的实践技能，还应具备团结协作、创新发展、服务社会等多方面综合能力。并且，人才培养应紧跟社会发展的最前沿，顺应各个时期的科学技术的革新，有良好的自学能力和适应能力，奠定学生的终身学习和未来发展的基础。

李林会、李琳（2009）认为，高等职业院校的人才培养应坚持以"满足社会需求为出发点，以就业为导"。高等职业教育是面向生产第一线，人才培养应紧跟职业、岗位对人才能力的需求，学生走出校门应满足劳动力市场的要求。应突出学生职业素质在人才培养中的重要性，不仅注重学生职业技能的培养，还要让学生获得从事某项职业、某一领域的专业知识及学习能力，满足人才终身学习发展的需求。

石建敏（2009）等认为，我国高等职业教育人才培养应实现职业性与高等性的有机融合。所谓的职业性是指人才培养过程中的教育有特定的职业岗位，直接面向职业岗位做技能培训，学生在教育中逐渐掌握职业必需的专业技能；而其高等性，是指学生所具备的技术和技能应有的水平，要重视专业领域前沿发展的情况，提高学生职业素质。

《中华人民共和国国民经济和社会发展第十四个五年规划和2035年远景目标纲要》中提出，我国人力资源丰富，但人力资本质量与国际先进水平仍有差距，高层次人才总量不足，战略科技人才、领军人才短缺问题突出。这说明我国高等职业教育人才培养还存在诸多问题，如高等职业院校自身定位不清、理论与实践在教学中没有妥善结合、人才培养目标模糊等，制约着我国职业教育的发展。我国职业教育和国外发达国家职业教育存在明显差距，人才培养的体系化、规范化有待进一步发展。

2.4.3 高等职业教育的课程体系

课程是人才培养的基本单元，课程设置体现人才培养的目标和宗旨。任何种类层次的课程设置总有一定的价值取向，而课程目标就是价值取向的体现（沈美媛，2006）。高等职业院校课程设置的价值取向应满足高等职业教育的本质特征和内在要求，也应蕴含着高等职业院校培养的人才规格和质量标准（郑晓梅，2003）。我国的高等职业院校在办学理念、设施条件上存在较大差异，人才培养目标各有不同，课程设置的价值取向也有所区别，甚至出现相同专业的课程千差万别的现象。因此规范我国高等职业教育课程体系，按职业教育的层次进行管理，首先要建立科学完整、结构合理的现代化的职业教育课程体系，对于高等职业教育来说，课程体系的建立对人才的全面可持续发展有至关重要的作用。

周建松（2014）认为，高等职业教育课程体系建设应遵循高等职业教育的基本规律，体现我国高等职业教育的特色和水平，在推进高等职业教育内涵建设的同时，提高高等职业教育的质量。高等职业教育的课程从性质上可以分为三大类，分别是基础课程、专业课程和技能课程。高等职业教育课程体系的建立，需要基于职业发展和人才培养的根本需求。从教育属性的角度来说，高等职业教育的基础课程要体现教育的高等性；从职业技能培养的角度来说，专业课程面向产业和职业岗位；从对接实践的角度来说，技能课程应直接对接实际需求。基础课应涵盖高素质人才必备的基本知识理论，如政治、法律、文学、数学、计算机、外语等，提高学生的基本素质和文化修养，还包括专业基础知识，为今后专业课程的学习做必要的知识储备；专业课程应充分体现职业需求，要把对接产业、接轨行业和服务企业，作为课程设置和人才培养的基本依据；学生还应掌握行业领域必备的技能，要获得从业资格证书，所以在课程设置过程中应有相关的技能培训和获取从业资格证书的辅导，使学生能够胜任岗位要求。有了课程体系，并按照职业发展培养高素质技术技能人才相关的原则和要求设置课程，同时要注意构建教与学的协同机制，实施灵活的课堂教学方法。

李林会、李琳（2009）强调课程体系的建立应以市场为导向，提高学生的职业能力，既做到科学性又强调前瞻性和与时俱进。随着科学技术的发展，知识的折旧率快速提高，技术的更新换代不断加快，相对而言，对学生技术教育的滞后性凸显，因此课程体系的建立及课程设置必须以适应未来经济发展和岗位需要为前提。同时，课程体系应成为开放动态系统，密切贴近市场需求并进行不断优化。高等职业教育应与企业建立紧密的联系，以了解企业对技术人才的需求，掌握更多的行业信息，这对课程的建设与改革有积极作用。教师不应以理论的学习掌握为主，应深入企业与岗位一线，与企业技术人员、管理人员及生产服务人员交流、沟通，带领学生进行现场的模拟和演练、到企业中参与实践，让学生有机会与实际工作相接触，提高岗位适应能力。

除了对专业知识和基本技能培养外，还要强调对学生的职业思想进行教育。企业文化是企业的重要组成部分，企业不再只注重产品和市场，更注重员工对企业的归属感和责任感。在这方面，国外企业都强调企业文化建设，我国的企业文化也随着企业共同发展。因此，在课程设置过程中，不仅要强调专业知识和职业技能的培养，还要培养学生的团队意识、合作能力、奉献精神。因此在课堂上还要融入思想教育，注重学生的职业素养和道德品质的培养，让学生更快更好地融入企业中，实现自身价值。

2.4.4 我国高等职业教育中存在的问题及相关建议

我国高等职业教育发展至今，从总体上说高等职业院校从数量到质量都取得了长足的进步，并在不断发展完善中，为我国经济发展培养了大量的人才，一定程度上满足了劳动力市场对人才的需求，提高了职业产出的质量和效率，推动了社会的发展和进步。国家出台了一系列的方针政策，促进高等职业教育健康快速发展，但同时我国高等职业教育也存在一定的问题，影响了人才培养进一步的提升，阻碍了我国人力资本强国的发展。

石建敏、赵立影、孙国良（2009）等认为，我国高等职业教育的人才培养模式存在不足，表现在课程设置存在偏废、办学指导思想含糊不清、评价体系单一僵硬等问题，影响我国高等职业教育的发展。我国的高等职业教育总是会向普通高等教育倾斜，并存在认为高等职业教育没有社会认同感，不如本科教育地位高的错误思想，总想把高等职业教育办成普通高等本科，导致人才培养目标游离在综合性人才和技术性人才之间，培养的学生综合能力不足、专业技能有限。同时，高等职业教育的课程过于专注专业知识，忽略通识教育，部分学校甚至存在只有专业课程，基础课程和公共选修课严重缺乏的现象，限制了学生的全面发展。在对学生考核的过程中，我国的高等职业院校对学生学习的评价只包含记忆性知识考核，局限于书本上理论知识的死记硬背，缺乏对学生灵活应用能力及操作性技能的考查,考核方法单一,考查范围不全面,需要不断改进。

刘晓(2012)等认为,我国高等职业教育办学中教育与产业、学校与企业、专业设置与岗位对接不够紧密。我国的职业教育多以理论教育为主,学生掌握大量的理论知识,但是理论与实际的联系不够充分,导致了职业院校脱离生产实践,学生掌握的知识无用武之地。产生问题的原因是我国职业教育定位、办学目的、人才培养的目标不明确,很多院校过分突出了高等性而忽略了职业性,一味追求理论素质而忽略技能发展,或者在高等职业院校中存在理论与实践没有协调统一的矛盾,这些问题的存在不仅制约了人才培养,也妨碍了高等职业教育的发展。

我国的高等职业教育滞后现象严重。教育原本就存在滞后性,但由于职业教育的人才培养目标就是紧贴工作实际,这就要求职业教育必须紧跟生产技术的改革和发展。长久以来,我国的职业教育相关研究一直停留在经验分享上,很少有理论的创新和突破,导致我国的职业教育长期处在探索中,而没有形成标准化、规范化的教育模式。我国的高等教育设置的课程内容大多为企业中陈旧的、淘汰的,甚至还存在错误,而对于新技术、新思想涉及得较少,企业和职业院校的联合办学存在层层困难,人才培养形式化和理想化现象严重,很难培养出"未来的劳动者"。

针对以上存在的问题,很多学者对我国高等职业教育的未来发展提供了很多可供参考的意见,来完善我国职业教育,主要以课程体系的建立和课程设置为主，弥补当前职业教育的不足。

马桂霞（2010）提出，我国高等职业院校的发展必须突破普通本科院校"以学科为中心"的课程模式，并且可以参考职业教育较发达国家的课程模式，如德国的双元制、加拿大的能力本位教育（Competency-Based Education，CBE）、英国的国家职业学历与学术考试课程（Business and Technology Education Council，BTEC），并结合我国自身的实际情况和优势。高等职业教育是面向生产第一线的，因此必须有地域特点，而我国的经济发展有明显的地域差异，高等职业院校应结合地方企业的特点，办出地方特色。还要在课程体系建立中，经过充分的市场调研，与对口企业紧密联系，了解企业的技术现状和实际情况，设置能同时满足企业需求和学生自身需要的课程。

盛新、陈沛帅（2010）在总结了国外高等职业教育的课程设置情况后，认为我国的高等职业教育的课程设置应紧密围绕培养高技能人才的目标，按照课程的性质分为三大类，即文化基础课、专业基础课及专业课。在具体课程设置过程中，要合理安排比例和层次，在人才培养中突出重点和特色。文化基础课要以"够用"为原则，在课程具体操作过程中，兼顾理论与应用，为学生日后职业发展建立良好的理论基础。专业基础课要以专业课程为主导，坚持"厚基础、宽口径"的原则，做到知识面广与认识程度深的协调统一。

第3章 研究方法

数学是培养学生理性思维的重要课程，其核心目标是培养学生的逻辑思维能力，以便能够在概念和判断的基础上进行推理。对于公安院校高等数学课程与推理能力培养的研究涉及三大因素，分别是公安院校、高等数学课程与推理能力。对公安院校的研究建立在对高等职业教育研究的基础上，对提供公安本科学历教育的院校进行研究；对高等数学课程与推理能力培养的研究，既包括课程与能力的总体理论研究，也包括具体的实证研究。

3.1 研究的总体思路

理性是思维的眼睛，帮助我们认清事实发生、发展的原因，并了解可能产生的结果（阿特金森，2003）。日常生活中，每个人在处理事情的过程中都进行了不同程度的推理，人们都能推理，但有好坏对错之分。人们进行推理，总是希望由此得到一个真实可靠的结论，用以作为自己思考问题的依据，或作为自己往后行动的指南（黄伟力，2013）。从学校教育的目的和意义角度出发，推理能力的培养就是通过课程和教学,培养学生准确、合理进行推理的能力,在今后的生活及工作中更好地避免错误、预测未来。

确定需要培养的能力,就应该将这些能力的培养分解到具体的课程中去(巩建闽,2011)。本书研究的目标是通过评估学生的推理能力来评估高等数学的课程与教学对大学生数学推理能力培养的现状,找出其中的不足和问题,为今后的课程建设提供参考依据。在此基础上,研究的基本思路可以归结为对两大核心问题的研究:一是高等数学课程与推理能力培养之间存在什么样的关系,数学课程培养的推理能力与日常工作、生活中运用的推理能力二者概念的内涵和外延是否相同,有什么区别和联系,以及如何培养大学生的推理能力,这是研究首先要讨论清楚的问题;二是在理论研究基础上,如何评价大学生的数学推理能力,本书以有效性和合理性作为评估学生数学推理能力的指标。

以公安院校为例,研究高等数学对大学生推理能力的培养,从过程和结果两方面分别进行。过程指高等数学课程与教学对大学生数学推理能力的培养,从能力培养目标出发,在高等数学课程的设置、内容的选择和课程要求等方面进行研究,课堂教学主要包括教师针对数学推理能力培养进行的课程设计及选取的教学方法;结果则是通过测验了解到的学生推理能力的水平。有效性主要指推理的结果,为实现量化,采用瑞文标准推理测验进行测验。人脑思维是非常复杂的系统,关于推理合理性的测量实验主要将试题进行分解,考查推理过程中整个思维的过程,瑞文测验已经对推理有效性进行了测试，同时避免不同院校高等数学学习的内容、程度不同可能对测试结果产生不同影响，以及学生对高等数学试题测验的抵触和心理负担。为了更具体考查学生推理的合理性，并能够进行量化，笔者采用问卷调查和访谈的方法，问卷主要调查学生是否具备合理推理所需的条件（概念的形成、判断的过程和思维习惯）。具备合理推理条件和作出有效推理之间并不存在唯一确定的关系，还受推理方法的选择和对推理的认识等因素影响，因此笔者也对公安院校学生、毕业生和教师进行了访谈。

为调查高等数学课程与推理能力培养的具体情况，选取四所学校，对其中三所学校分别调查高等数学能力培养目标、课程设置、教学内容的异同，以及不同教师对推理能力培养的教学设计和教法选择，对学生数学推理能力培养的差异。同时，对四所院校学生进行瑞文推理测验，并检验刚入学、没有学习高等数学课程的文科学生的推理能力水平，并与学习过高等数学课程的工科学生进行比较，了解经过高等数学课程的学习，学生的推理能力有什么样的变化。为检验课程对能力培养的效果，将没有学习过高等数学课程的学生作为对照组，了解同年级学生推理水平的差异。

实验中可能存在如下问题。一是四所学校学生初始的能力水平不同，导致测验结果可能无横向对比性，无法判断课程与能力培养之间的直接关系。因此，在研究中每个学校不同年级、不同专业学生间推理能力测验的差异性对结果的分析就变得很重要，并在实验数据分析的基础上辅以课堂观察和教师访谈。二是知识与能力间的转化是一个长期的过程，需要经过大量的积累和实践，经过一学年高等数学的学习，推理能力的发展可能不会明显增长，实验结果的差异性未必明显，纯粹的数据分析对实验结果来说并不完全，为此对高等数学与推理能力发展的理论研究要充分。

3.2 研究的方法论基础

人类探索世界、追求真理的方法有很多，但并非所有的方法都是科学的（董奇，2010）。我们希望能够客观、准确地认识世界及其变化规律，这就要求我们在实践中必须对客观事物进行科学的研究，而科学的研究的前提是在研究中选择科学的研究方法。科学的研究方法很多，关键是如何针对具体的研究目的选择准确合理、行之有效的研究方法，达到研究目的，这样的研究才能称为"好"的研究。于是，透过研究的指导思想和理论基础，在研究中出现了很多的范式，成为在某一特定科学研究的实践规范。

本书的研究内容主要分为两大部分，分别为定性研究和定量研究。定性研究以文献研究和逻辑分析为主。通过文献研究归纳出推理能力培养的相关理论，对推理能力培养现状的了解及问题的反思有指导性作用。本书涉及的理论主要是推理及其能力培养，推理是逻辑学意义上的概念，而数学推理是数学的思想方法。具体来说，首先应该明确数学推理和逻辑推理之间的关系，以便在考查数学推理能力过程中有严格准确的理论作为研究基础从而获得更好的衡量标准。推理是大脑思维的产物，是思维的过程，是逻辑学中的概念，逻辑学是研究人类思维形式的科学。传统逻辑学出于哲学的需要由亚里士多德创立，在此后的两千年里逻辑学都被看作哲学的一个部分（奚颖瑞，2010）。哲学有其基本的研究范式，在本书的研究中为了明确推理、数学推理，充分运用思辨的方法说明二者之间的联系与区别，这是本书研究后续展开讨论的基础。逻辑学与哲学之间的矛盾在学科界由来已久。从逻辑自身来说，逻辑是研究评价一个论证的前提是否合理地支持（或者提供好的论据）其结论的方法，是能够用来分析和评价重要问题的工具（雷曼，2010）。因此，逻辑分析本身也是一种研究方法，它使得人类的思维过程更具科学性。

在逻辑的理论框架下，想要了解高等数学课程与学生推理能力培养之间的关系，还需要对学生推理能力水平进行研究，以推理能力水平测量为主，进行量的研究。能力是指个体在顺利完成活动时应当具备的稳定的个性心理特征。不论从身体还是心理发展来说，大学生都是一个特殊的群体，同时从推理能力发展的角度来说，大学生推理能力的发展不同于其他能力，受到已有知识程度的影响较深，具有明显的个体差异性，需要以量的方法来研究他们推理能力发展的水平。

在对公安院校高等数学课程与推理能力现状研究的基础上，找出存在的问题与不足，并对改变课程现状及大学生推理能力的发展进行协调统一，也包括对未来高等数学课程的进一步发展完善提出简单的假设与构想。本书的研究中，似乎出现了科学研究中两大基本范式的对立，这样的方法选择上的冲突可能会对研究结果产生不同的影响。研究过程中，对研究本身、研究的评价原则和标准不同而产生"科学研究"这个概念的定义。社会科学研究者的立场不同，对"科学研究"的认识也有所不同，通常存在两种相互对立的观点，即客观主义的（或实证主义的）观点和主观主义的（或解释主义的）的观点，在两个对立观点之间还存在一种折中的态度，既承认客观现实的存在，又强调主观理解的作用（陈向明，2014）。因此，为了能够调查全面系统，又使得论证合理有效，在本书的研究中以定性的研究作为基础，又根据需要，以量的研究做调查，使得本书的结论和建议具有一定的说服力。

3.3　研究阶段及具体方法

第一阶段：通过文献阅读，对思维、逻辑思维、推理等进行充分的理论研究，构建大学生推理能力培养的理论框架。

哲学、心理学、教育学、逻辑学中有诸多关于思维的发展、培养的理论和研究，这些观点有对立的部分，同时也具有一定的相似性。每一个研究领域都有极具代表性的学说，不断有研究者对理论进行解读，提出新的观点，推动了理论的发展和完善。

从哲学的角度探讨思维，主要从认识论的角度了解思维的形成。马克思主义哲学关于思维,从认识的角度阐述,主要有两方面:认识的来源及人在认识过程中的主观能动作用。

阅读心理学相关理论,从认知发展的角度研究思维的形成、发展的科学理论。皮亚杰的发生认识论通过研究儿童智力在各个年龄阶段的发展,运用多种科学方法描述人类从认识的起源到思维的发展。

阅读逻辑学相关理论与文献,梳理有关逻辑思维、推理等观点。逻辑思维是逻辑学研究的重要领域,逻辑学与哲学有关思维的研究有共同性,但哲学的研究更强调理论,逻辑学中的思维更强调思维在生产、生活中的工具性及方法性。

通过对文献、资料的归纳、整理、分析、总结,从逻辑学和心理学两方面构建大学生推理能力发展的理论基础。

第二阶段:公安教育作为高等职业教育,兼顾"高等性"与"职业性",体现在:公安教育作为高等教育重要组成部分的同时,有自身的特殊性,这种特殊性既是公安职业的特殊性,也是教育在培养人才中体现的特殊性。

①通过文献的收集与分析,对公安院校人才培养、公安院校课程与职业能力要求、公安院校的招生考试及公安部统一入警考试进行理论研究,并对公安院校高等数学课程基本情况、存在问题等实际情况进行梳理。

②对公安教育中有经验的教师及研究者进行访谈,了解公安职业的特殊性及人才需求;实际走访公安院校,考察公安教育的实际

情况、课程设置、人才培养等。

③对收集的文献研究及获得的实际资料进行综合全面的梳理分析，得出公安教育课程与人才培养的相关结论。

第三阶段：对选取的四所公安院校的大学生进行瑞文推理测验和问卷调查，对相关院校的文科、工科的学生的推理能力进行定量分析。

①根据所选取的四所学校的实际情况，选取一定数量的大学生进行瑞文推理能力测验。

②对已学习过高等数学课程的大二学生进行有关高等数学学习认识、习惯、态度、学习方法的问卷调查。

③对公安院校的高等数学教师进行访谈，对公安院校高等数学课程的设置、内容、学生学习情况进行了解。

④对测验和问卷情况进行整理，并用 Excel 对数据进行处理分析。

第四阶段：在对前期研究分析的基础上，对公安院校大学生数学推理能力培养进行综合研究，将理论与实践相结合并能够提出反思与建议。

3.4 研究对象

3.4.1 公安院校

在全国范围内，选择四所公安院校，包括一所部属院校、一所北京市属院校、两所省属（湖北省、辽宁省）院校，分别对其进行测验。四所高校都属于公安类院校，都具备一定的规模，分别设有公安科技系、治安系、侦查系等与公安工作紧密相关的专业。部属院校是公安教育发展的代表，具有较强的教育实力，专业发展、课程体系的建设相对完善。

3.4.2 高等数学课程

由于四所学校在课程设置和教学安排上的不同，高等数学课的课时和教材有较大的区别，相应的教学大纲、教学内容、能力培养目标都有所区别。因此在具体研究过程中，要从两方面进行调查。一是学校层面，从培养计划、培养方案中，了解高等数学课程的性质、地位、开设情况，也包括高等数学教师的基本情况等；二是从课程的具体实施情况、课时数、教材、讲授内容等，了解学生对高等数学课程的认识和学习态度。

3.4.3 教师与学生

研究中，笔者选出了三所院校，每所学校分别找到两位数学教师。为了进行对比研究，尽可能找有差异的教师，比如在教学方法、教学风格、年龄、性别、学历等情况中有不同的教师，进行观察和访谈。因在研究的具体操作过程中受到实际情况和时间的限制，本次选择的学生样本均为目的样本，具体分为两大类，即学习高等数学课程的工科班及不学习高等数学课程的文科班，由于受具体情况限制,在每所学校任意选取至少两个班级进行测验,并对学习高等数学课程的班级进行问卷调查。

3.5 研究工具

3.5.1 测验量表的选择

测量大学生的数学推理能力,需要科学有效的量表,满足研究对测量工具信度和效度的要求。目前,由于推理能力作为人才智力发展(Inhelde,1958)和创造力(Sternberg,1999)的重要指标之一,国际上对推理能力的调查测验很多,学生入学、企事业单位招聘,甚至警官和军人的招录都需要对他们进行推理能力测验。随之而来,流行的推理能力测验工具也很多,在我国推理能力测验中采用次数较多、应用范围比较广泛的是劳森推理测量量表(Lawson's Classroom Test of Scientific Reasoning)和瑞文标准推理测验(Raven's Standard Progressive Matrices)两种。两个量表都具有适用年龄范围宽的特点,适用于团体测验,测验具有较高的信度和效度等优势,而且在测验中获得了良好的实验效果。

为本书的研究选择更适合的量表,将两种量表进行了对比。在2000年,劳森推理测量表进行了修订(Melissa S,2007),将推理能力细化得更具体,涵盖7个维度:质量和体积守恒概念、比例推理、变量控制能力、高级变量控制、概率思维能力、相关性思维能力、假设演绎推理能力。但科学推理能力主要针对国外的 STEM

课程，包括科学、技术、工程和数学（National Research Council，1996），目的是培养学生具有足够的知识并培养其基本的科学能力来满足未来职业的需求（Adey，1994），其中之一是科学推理（Test used in this study was Classroom Test of Scientific Reasoning，2000）。由于中国和美国学生接受学校教育中有关科学和数学的课程有很大不同（Lei，2000），会对测验结果产生一定的影响。

相比而言，选择瑞文标准推理测验为量表，对大学生的推理能力进行测验更符合本书的研究。传统的智力测验很多依赖于语言能力和文化背景知识，为了创设一种更普适的评估方式，瑞文设计出一种减少语言和文化的跨文化的抽象逻辑推理能力研究工具（John Raven，2000）。瑞文在测验中想要对认知能力两个方面内容进行直接测验，即可推断性能力和再生性能力（Spearman，1927）。它的理论基础侧重一个人通过接受教育培养和发展能力，和学校教学内容有密切关系（Raven，1993）。同时，在1985年，我国对瑞文标准测验进行了修订（张厚粲，1989），在修订过程中经过了大量的测验，相关研究较多，研究充分，而且测验方便，可操作性强。

3.5.2 访谈和调查问卷

对于高等数学的研究，主要讨论高等数学课程设置及具体实施情况。对课程的研究，主要包括为什么教、教什么、怎样选择要教的东西、怎样组织最有效、根据什么标准和原则、谁来选择和编订、怎样评价（陈侠，1989）。这些问题中，一部分可以通过研究各学校的教学大纲来解决，比如为什么教、教什么、评价等，对于怎样组织最有效和根据什么标准和原则，不同的教师有不同的教学理念，并在此基础上有不同的教学设计和教学方法，需要通过访谈的方法进行研究并整理。

本书的研究是高等数学与推理能力培养二者的研究，学生的能力发展除了受到课程和教学的影响外，还取决于自身学习的态度。因此，在研究中除了对教师进行访谈外，还通过调查学生对课程和教学的意见，以及自身对学习的态度和对推理能力的认识来对研究进行补充。由于考虑到学生和教师之间的关系及对本学校的保护意识，所以希望通过采用无记名调查问卷的方法获得真实数据。

3.5.3 课堂观察

对所选择访谈的教师进行课堂观察，目的是记录教师针对能力（尤其是推理能力）培养对课程的安排和设计，包括概念如何引出、对概念如何进行讲解、师生间的互动、例题的选择、讲练的搭配、课程的总结等问题。在观察中，对上述问题做良好的记录，以便在研究中进行总结和反思。

第4章 公安院校大学生数学推理能力培养的调查研究

对于问题的调查研究，不应该只关注问题本身、问题的来源及结果，还要了解对其他具有关联性的事件产生的影响，甚至整个研究背景。公安院校数学推理能力培养的调查，也要建立在对公安院校性质、人才培养目标及人才培养模式的调查之下。公安院校的"高等性"与"职业性"，决定了高等数学课程与推理能力的培养之间的关系。"高等性"是把数学推理作为高级人才必备的基础素质，而"职业性"是把数学推理作为公安工作必备的职业技能，既包含高等教育的共性，也有职业教育的特殊性。

4.1 调查研究设计

4.1.1 调查研究的方法

调查研究主要从公安院校的人才培养模式、公安院校的推理能力、高等数学课程与推理能力培养、高等数学课堂四个方面展开。定性研究不是作为旁观者观察现象，而是作为当事人深入研究调查研究对象。在已有的有关"能力"的研究中，研究者主要是从能力培养的结果上进行测量，从结果反思过程，是一种自下而上的研究方法，从结果中探寻问题的缘由从而改进过程。了解研究对象的行为模式和思维方式，必须要注意他们的心理状态和意义建构，才能了解他们对待问题的态度和想法，这就需要对某种特定事物或个别现象进行细致、全面的观察与理解，需要借助一定的方法和手段对产生的结果进行分析，在获得对事物本质理解的基础上解决问题。本书的研究改换研究视角，深入学校，从公安院校人才培养模式出发，自上而下讨论人才培养目标与课程设置及目标、教师和学生与数学推理能力培养之间的关系。

人才培养模式决定能力培养的形式与方法。教育要培养什么样的能力，如何培养这些能力，建立在社会对人才需求的基础上，社会需要什么样的人才，高等院校就必须建立相应的人才培养模式。"模式"是具有相似属性一类事物的标准样式，是具有方法性的体系，人才培养模式是指为了实现更好地培养人才的目的应遵循的基本方法和手段。人才培养模式既应体现教育的根本目标，即培养什么样的人才，也需要体现出对人才培养的基本要求，即如何培养人才。

推理能力是公安院校人才培养的特殊能力，是人才综合素质的一部分，同时在具体公安工作中也有大量应用。推理能力在公安院校人才培养中的地位、作用，以及公安院校教师、学生对推理能力的认识，决定了推理能力培养的效果。

在高等数学学习转化为推理能力的过程中，总是要涉及课程、教师、学生。知识与能力之间的转化非常复杂，能力不是由知识的学习直接转化而来，但能力的发展需要以知识的学习为条件。课程是知识学习与能力培养的媒介，联结了教师与学生，教师通过课程传授知识、培养能力，学生通过学习知识获得能力提高，每一要素都是关键。一项基本能力的培养，需要以课程目标为依托，在课程目标下设置、实施相关课程。课程目标由人才培养目标决定，人才培养目标依赖于人才培养模式，而不同的人才培养模式由教育的具体性质所决定。

在高等数学课堂中主要了解教师传授课程和学生学习的基本情况，主要调查教师如何培养学生推理能力，而学生有哪些推理的方法和习惯，以及课堂中推理能力培养的效果。

4.1.2 调查研究样本的选择与分析

对于调查研究的样本，本书调查主要选择了三所院校，分别是北京、辽宁与湖北三个地区的公安院校。三所院校的选择，既有公安院校人才培养的共性，也有具有代表性，便于对调查结论进行分析、比较。

三所院校有一定的相似性，从规模的角度来看，三所学校专业设置、招生数量相似，都是本省（市）生源；从发展的角度，三所院校本科办学年限相同，在公安院校综合测评中居于中前位置。三所院校中，有两所院校只招收公安学专业学生，另外一所院校招收一部分非公安专业学生。三所院校中，一所院校已通过本科教学合格评估，另两所院校正在准备迎接教学合格评估，档案建设与管理充分、规范，便于开展档案研究。三所院校高等数学课程课时量相仿，开课的模式稍有不同，可以进行参与式观察。三所院校的高等数学教师在教龄、职称上有一定的差异，可以进行深度访谈和集体访谈。三所院校属性也存在一些差异，两所为省属院校，另一所为市属院校，三所院校在服务功能、特色专业、人才培养模式、高等数学课程模式上有所不同。

在三所院校中，本研究的人员分别选择教务处、公安学相关专业、高等数学教师共15名，学生18名，对其进行访谈。教师的选择注重教龄、职称、教授课程的多样性（表4.1），受访谈的公安院校大学生主要采用自愿原则和随机抽取原则相结合的方式。每所学校教务处行政管理教师1名，公安学相关专业教师2名，高等数学教师2名。各院校教师具体情况如下。

A院校2名公安学相关专业的教师，分别为副教授和讲师；2名高等数学教师，分别为教授和讲师（学院共有高等数学教师4名）。B院校1名逻辑学讲师，1名侦查学教授，2名高等数学教师，分别为教授、副教授（学院共有高等数学教师3名）。C学院1名信息技术讲师，1名治安学副教授，2名高等数学教师，均为副教授（学院共有高等数学教师4名）。受访谈的公安院校学生，A院校参与学生共6人，从自愿报名学生中选取3人，从学号中随机抽取3人；B院校、C院校参与学生各6人，选取方法同A院校。

表 4.1 受访教师的专业与职称

院校	教师的专业与职称				
	教务处教师	公安学相关专业教师		高等数学教师	
	专业	专业职称	专业职称	职称	职称
A	A1 公安学	A2 公安学副教授	A3 犯罪学讲师	A4 教授	A5 讲师
B	B1 教育技术	B2 逻辑学讲师	B3 侦查学教授	B4 教授	B5 副教授
C	C1 公安学	C2 信息技术讲师	C3 治安学副教授	C4 副教授	C5 副教授

4.1.3 资料收集与分析

由前期的文献梳理可知，对公安的相关研究以公安技术为主，我国公安教育的相关研究较少，而对于公安数学课程的研究更是少之又少。我国的职业教育，尤其是对高等职业教育研究关注度不足，近些年随着国家对职业教育的提倡、鼓励，职业教育正在发展。公安教育也是职业教育，公安办教育，办什么样的教育，如何办教育，这些问题是公安人才培养首先要明确的问题。公安教育、公安院校发展思路不明确，高等数学课程目标也深受影响，对公安院校的高等数学课程与推理能力培养的相关资料更是无处查询。因此，对于公安院校高等数学课程与推理能力培养的研究无法从已有文献中获得理论解释和支持。定性研究强调整体与部分之间的辩证关系，公安教育是培养公安职业技能的高等教育，是我国高等职业教育的重要组成部分，兼备高等教育的共性和公安职业教育的个性。为了调查的需要，前期已梳理了高等教育、职业教育人才培养，中小学、高等教育中对数学课程与推理能力培养关系的相关理论研究，作为本次调查研究的基础。对于公安院校的人才培养模式、课程与能力的调查，还需深入研究对象的具体情境，通过近距离的观察、交流，了解调查研究现状、问题及成因，获得更好的理解。

  本次调查研究分两部分，资料的调查和人的调查。资料的调查主要以档案研究为主，自教务处收集了学校培养方案、课程大纲、课程的教学实施计划；自各院系教师收集了教师教案、作业。对人的调查，主要采用访谈和对话的方法。根据事先已经设计好的方案，对三所学院教务处教师采用设置以公安院校、推理能力培养、高等数学课程为主题的半开放型访谈。鼓励教师根据访谈主题的相关内容，自由发表观点和看法，了解他们认为与公安院校能力培养与数学能力培养相关的问题，了解他们对待问题的态度及解决问题的方法。对三所学院的高等数学课程教师采用设立高等数学课程对推理能力培养为核心的开放型访谈。在访谈过程中，对公安院校大学生采用封闭型访谈，以具有固定结构的问题依次对参与访谈的学生进行提问。对高等数学教师承担的课程，进行参与式观察，授课结束后与教师进行深度访谈。访谈期间，根据需要进行录音、做笔记、拍照、编写备忘录，记录真实、可靠的调查结果。调查研究中也通过观察对高等数学课程的课堂情况进行了调查，但对课程调查离不开教师和学生，因此也是对人的调查。

研究中，由于定性研究是从研究者自身的角度出发，理解并解释被研究者个人经验、思想方法、行为方式。因此，在研究过程中需要首先明确自己研究的目的和意义，避免由于自身意愿、偏见、倾向，以及其他可能原因对研究产生主观影响，要在研究过程中不断进行反思，不对研究对象进行提示、引导、干涉，只客观记录观点。其次，作为研究者要深入到与研究对象相同的环境中，了解具体的、特定的环境对被试者思想和行为可能产生的影响。最后，作为一名研究者而通过自身体验来解释被研究者的实际情况，需要在调查中确认自己的理解和解释是否准确，确保本次调查的真实性。

4.1.4 研究效度

质性研究不明确讨论信度问题。为了保证研究的真实性、可靠性、代表性，保证研究的效度，在研究过程中注意研究方法的使用。一是对不同时间、地点，不同理论角度、不同研究方法和不同抽样人群的研究结果进行对比，检验调查资料的可靠性；二是进行相关性检验，用不同的方法，在不同的情境和时间，对样本中不同的人进行检验，尽可能多地对结论进行检验；三是参与者检验法，根据自己深入其中的调查感受进行检验。

本次调查主要采用理论型效度及反馈型效度。将已研究的相关理论及结论作为对公安院校大学生高等数学课程与推理能力培养研究的依据和检验标准。同时，将研究的结论与公安已有的相关研究进行印证、比较，研究结论基本一致。将研究结果同时反馈给参与本次研究但未参与本调查的两所院校的教师，及其他的公安院校的教师，以及普通高校的教师（1位教授和1位副教授），通过电话回访的方式进行讨论。研究的总体结论得到所有人认可，并对研究提出的不同意见进行共同讨论，对不同地区、不同公安院校间可能存在的差异可能会对研究结果产生的影响进行逐一排除和补充，并最终达成一致。

4.2 公安院校及人才培养模式的调查

人才培养模式包括三个基本要素：培养目标、培养规格及培养方式。培养目标决定培养什么样的人，要求其具备哪些能力和素质；培养规格指培养的层次和质量，对人才的能力和素质有哪些条件和要求；培养方式指如何培养人才能实现人才能力和素质培养的目标。公安院校的人才培养模式决定了是否需要培养推理能力，对推理能力培养有哪些要求，以及如何培养。

4.2.1 三所公安院校人才培养模式的文本情况

文本资料的调查以档案研究为主，通过从教务处收集学校培养方案、课程大纲等进行整理。

（1）公安院校的性质。

公安院校的性质决定人才培养模式。公安院校提供公安职业教育，培养具有较高职业素养的人民警察。公安院校与人才培养之间存在着两种关系，是两种不一样的人才培养模式。一种是以中国人民公安大学及中国刑警学院为代表的学历教育模式，四年制本科高等教育；另一种是上海公安高等专科学校首创的全日制第二专科教育，招收已获得本科学历的大学生，对其进行两年制的公安业务技能培训，培训合格后经公务员考试合格后正式上岗。

在笔者调查的三所院校中，A院校一直是学历教育模式，从1995年开始在专科的基础上发展为本科学历教育，独立试办本科专业，2014年5月经教育部批准正式建立警察学院，为省属公安本科院校。目前A院校仍有一部分专科专业。

B院校隶属于公安局，属于行政办学，2004年开始举办本科学历教育，2008年之后转为培训式教育，从2012年重新转为学历教育，目前为全日制普通本科院校，学校里仍有一部分专科专业。

C院校2002年以专科学校率先在公安院校中开展公安本科学历教育，并始终保持学历教育模式，通过了国家本科合格教学评估，并构建富有现代警察教育特色的人才培养模式，目前有少部分非公安专业。

根据国务院2014年5月印发的《关于加快发展现代职业教育的决定》中的规定，上述三所院校均为本科层次职业教育，属于高等职业教育。三所公安院校都由高等专科学校逐渐发展为本科层次的学历教育，并具有鲜明的职业属性，培养公安工作所需人才。其中，A、B两所公安院校目前还保留一部分的专科专业，C院校所有专业均为全日制本科，但有少部分非公安专业。B院校的学历教育中,有五年非学历教育的在职人才培养模式。

(2)三所公安院校的人才培养模式。

高等职业教育具有高等教育和职业教育双重属性,以培养生产、建设、服务、管理第一线的高端技能型专门人才为主要任务。公安院校兼备高等教育和公安职业教育,公安院校的人才培养模式也应具备"高等性"和"职业性"。人才培养模式是指学校为学生构建的知识、能力、素质结构,以及实现这种结构的方式,它从根本上规定了人才特征并集中体现了教育思想和教育观念(王青林,2013)。

①三所公安院校人才培养目标。

A院校的人才培养方案中写明了人才培养目标:我校提供公安职业教育,积极构建"教、学、练、战"一体化的人才培养模式,培养具有较高职业素养的人民警察。

B院校的人才培养目标:具有坚定的政治方向、良好的组织纪律观念,熟悉我国公安工作的路线、方针、政策和相关法律、法规,系统掌握公安基础理论、基本知识和技能,具有实践能力和创新能力,能够适应公安基层工作实际需要的应用型专门人才。

C院校的人才培养目标:为政法事业和公安队伍建设提供强有力的人才保障和智力支持,以立德树人为根本,以教育教学为中心,不断提高办学水平和人才培养质量,推进公安教育及社会安全现代化。

总体来说三所公安院校人才培养目标都是通过公安教育,培养公安专业人才。公安专业人才主要还是从职业技能角度出发，其中A院校提到了"教、学、练、战"一体化，B院校提到了法律、法规及公安相关知识、理论和技能，但三所院校都没有明确具体提到良好人文素养、科学素质、自学能力、创新精神等我国高等教育对人才培养的目标要求。

②三所公安院校的人才培养规格。

人才培养规格是指人才培养的层次和质量，是培养目标的具体化。人才培养目标如果不把它具体化为人才培养规格，就缺乏可操作性，无法落实到教学的全过程中（王明伦，2002）。

人才培养规格主要有两方面特性，即统一性和多样性。在培养规格上，三所公安院校的培养方案中都从学科专业的角度，提出了知识要求、能力要求和素质要求。其中知识要求为三条：掌握基本的政治理论，公安工作的路线、方针、政策，掌握公安学基础理论与基本知识。能力要求，根据专业不同，能力要求有所不同，但是都与公安工作相关，如A院校中分析和处理公安相关业务、解决实际问题；B院校、C院校主要是胜任基层公安工作所需要的基本能力。

从统一性的角度看，三所公安院校都是从职业发展的角度出发，满足公安岗位要求，如爱岗敬业、遵纪守法、热爱公安职业。但是，三所公安院校都缺乏人才培养多样性的描述（人才培养规格要求两方面，但是只满足一方面），我国有三十多所公安院校，满足不同地区对公安工作需要。地域不同，经济、人文、科技发展条件不同，人才培养规格也应有所区分，但是在人才培养规格中都没有具体体现。

③三所公安院校的人才培养方式。

培养方式指培养目标实现的途径，即"通过什么方式"或"借助什么载体"，如课程教学、学术活动、科学实验与社会实践等以实现人才培养目标，它所强调的是认识与实践活动的载体（董泽芳，2012）。三所公安院校都是四年制、全日制的本科院校，课程主要分为公共基础课、专业基础课、专业课、选修课、讲座课。三所公安院校都有与公安工作相关的实践类课程和社会实践，也都建立了一定程度的校局、校企合作机制。

④三所公安院校的专业。

治安学专业、侦查学专业、刑事科学技术专业是公安教育传统三大基础专业，三所公安院校均有开设，开设时间最长。这些专业学科基础成熟、专业发展完善，满足国家对高等院校专业设置、建设等规定的基本要求，已逐步进入专业设置的稳定成形期，并随着公安工作的具体内容、任务的变化发展不断进行强化调整，已具备较高的专业水平和专业人才培养质量。除这三大基础专业外，还新兴出一些公安"特色专业"，这些专业是社会发展对职业及职业技能产生新需求而发展起来的新专业，或者省属公安本科院校服务区域经济社会发展而担负的特殊人才培养任务（包成，2016），如因国家交通法规调整、交通管控机制发展而兴起的交通管理工程专业，因信息化及大数据时代下计算机与网络相关的高智能诈骗案件频发而建立的网络安全与执法专业。三所院校都开设了网络安全相关专业（信息技术）。但是三所公安院校由于以所在地区警察培养为目标，专业设置以地区公安工作实际需要为主，并且有很强的地域特色，对人才职业素质需求也不同，因此在专业设置、专业水平上也有一定差别。A院校开设监狱学、经济犯罪侦查、公安视听技术专业，B院校开设涉外警务专业、公安法制专业，C院校开设国际警务专业。

⑤三所公安院校的课程体系。

人才培养的基本单位是课程，课程与人才培养息息相关，教育通过课程作用于人才并以人才培养的目标为方向，决定了课程的组织、实施及管理，形成了人才培养的课程体系，并在此基础上形成了特色化、特殊性的人才培养模式，以便更好培养人才。

三所公安院校都注重高等职业教育的根本属性，并以此确立了本院校课程体系建立的基本准则，体现"高等性"需要、突出"职业性"特色。并且"高等性"与"职业性"直接体现在课程体系安排及课程设置上。三所院校都认为"高等性"是基础课程的设置，"职业性"是专业课程的设置。

⑥三所公安院校的素质培养。

对于公安院校大学生应具备的基础素质，三所院校在培养方案中都有一定的体现。三所院校都强调政治建校、政治治校，培养人民警察。三所院校在人才培养中要求学生首先要具备个人发展需要的优秀个人综合素质，即正确的人生观、价值观和世界观，积极乐观的生活态度，良好的社会能力，正确交流、沟通能力，良好的大局观，社会责任意识。综合素质的培养由基础课程承担，包括自然科学与社会科学的基础课程，文学、历史、数学、计算机、外语等。重视"高等性"的具体表现就是让基础课在课程体系中占有重要位置。公安院校大学生还应具备完成工作必需的职业素质，三所公安院校的"职业性"体现在专业课程设置及社会实践内容上。职业能力培养是职业教育的基本内容，培养学生出众的专业能力，独立完成工作的业务能力及学习与发展的能力，掌握工作所需的基本技能，以及公安工作中高级技术培养应具备的基本素质，如心理素质、身体素质、文化素质等。

4.2.2 公安院校人才培养模式的访谈情况

A 院校教务处教师 1 名，公安学专业，工龄 10 年；B 院校教务处教师 1 名，教育技术专业，工龄 4 年；C 院校学生处教师 1 名，公安学专业，工龄 8 年。

访谈的主要内容如下：公安院校作为高等院校办学历教育，属于何种类型的教育，普通教育还是职业教育；"高等性"与"职业性"如何体现；如何理解高等职业教育的人才培养模式的重要性及构建方案；如何看待公安院校的人才培养模式、高等数学课程与推理能力培养之间的关系。

三位教师都认为，公安院校的属性是高等职业教育。A 院校教师认为公安院校是为公安工作培养人才，公安工作是一种特殊职业,学校是针对职业发展的教育,又是大学学历,所以是高等职业教育;B院校教师认为公安院校只有公安相关的专业,对人才培养以公安职业技能为主,而且是本科教育;C院校教师认为公安院校提供大学教育,和其他大学的特殊之处在于培养对象将来的职业选择是固定的,就是人民警察。

对于"高等性"与"职业性",A院校教师认为,高等职业教育中"高等"是指大学教育,跟普通高校的人才培养类似,只是强调具体职业,普通高校不强调职业,大学生可以自由选择职业。B院校教师认为,"高等性"是指培养大学生,高等职业教育培养的学生应具有很高的职业技能水平。C院校教师认为,"高等性"是因为学校现在首先是一所大学,是本科教育,其次才是警察大学。

A院校教师与B院校教师都认为,人才培养模式是人才培养目标、方法的指导,解释培养什么样的人才及如何培养人才。C院校教师认为人才培养模式就是学校培养学生的方法,认为每个学校应该有不同的人才培养模式,同时也认为公安院校的人才培养模式与其他高校人才培养模式不同。三位教师都认为,人才培养模式是从人才培养中抽象出来的,是自己的认识和总结,并没有一个明确、细致的人才培养模式。同时,公安院校的人才培养模式就应建立在如何更好培养职业技能之中,要让学生具备良好的职业技能。A院校、C院校两位教师是公安院校毕业的学生,认为公安院校必须办学历教育,人民警察的培养应该从本科教育开始;B院校教师是普通高校毕业生,认为公安院校可以办学历教育,也可以办培训教育，都可以为公安工作培养优秀人才，甚至普通高校资源更丰富，能培养综合素质更高的警察。

关于公安院校人才培养模式构建与能力培养之间的关系，A院校教师认为人才培养模式中应明确需要培养哪些能力，然后体现在具体课程中。其中根据警察职业发展需求，警务能力应包括合格的政治素养，过硬的身体、心理素质，良好的判断、侦查与思维能力。B院校教师认为，人才培养模式应该随着公安职业发展而发展，公安工作需要哪些能力就需要写在人才培养模式中。人民警察当前急需培养综合素质能力，提高综合素质是当务之急。C院校教师认为，公安院校的能力就是做好公安工作的能力，能培养出优秀警察的人才培养模式就是好的模式。三位教师都认为，公安院校培养学生的能力应该是从事公安工作的能力，具体包括身体素质、警务技战术能力、团结协作的能力。

对于公安院校人才培养与推理能力培养，三所院校的教师都认为推理能力是思维能力，在公安工作有重要作用。A院校教师认为推理是一种能力，属于综合能力，在人才发展中有重要作用，同时也可以应用在公安工作中，是综合素质与专业素质的结合；B院校的教师认为，公安推理是一项职业能力，这种推理与一般意义上的推理不相同，推理的方式是有罪推定；C院校的教师认为推理能力是综合素质的一部分，公安工作中的推理是公安职业能力的一部分，公安院校应把推理能力作为职业技能来培养。对于目前公安人才的培养，三所院校的教师都认为没有针对推理这项能力进行具体培养，但是公安职业能力培养中肯定包含了推理能力，平时在学习的过程中，就会运用到推理。对于公安院校的数学课程与数学能力，A 院校、B 院校两位教师都认可高等数学课程在课程体系中的地位和作用，认可数学课程对人才逻辑能力、思维能力的培养，C 院校教师认为高等数学课程是更高级警察应具备的素质，基层派出所的工作与数学联系较小。由于 A 院校、C 院校两位教师在大学中没有学习过高等数学课程，也未参与过公安工作，对数学课程与公安工作的联系没有太多了解，但是两位教师都认为数学课程很重要，因为在小学、初中、高中都很重要。B 院校教师认为培养学生良好思维能力是解决一切问题的基本条件，大学生应该学习数学课程。

4.2.3　调查结果与分析

（1）公安院校的人才培养要兼顾合格公民和专业人才培养。

从公安院校逐渐由专升本的发展过程中，公安院校已经明确人才培养模式是作为本科层次的职业教育，以本科学历教育为主，具有公安职业属性。职业的发展需要人才综合素质作为基础，综合素质是职业素质发展的基础。公安教育是高等职业教育的重要组成部分，既是高等教育，也是职业教育，具有"高等性"与"职业性"双重特性，人才培养需要满足个人发展需要的综合素质与职业技能。公安教育不仅仅是职业技能培训，更应注重本科层次的综合素质教育。高等教育的出发点是学习者个体，提供满足个人发展所需要的综合素质,就是满足人才自身发展的需要,促进个人发展、实现自我价值的学习机会。个人的综合素质是高等教育的根本目标,教育应以个体对自身价值的追求和实现为出发点,个体能够适应社会生活,满足角色需要,具备能随实际工作、生活需求发展而发展的能力素质,这是教育的根本目标。在"高等性"上,职业教育与普通教育在人才培养的目标、规格上来说是相同的,兼顾社会和个人发展的双重需求,都是有关个人综合素质的教育。从职业性角度来说,职业教育是一种专门针对"职业"进行的教育,是对具体岗位所需要的技能、知识和态度进行整合而形成的教学门类,满足高等教育和职业培训的共同目标(姜大源,2011)。公安院校的人才培养要满足公安工作的需要,具备公安职业技能,政治过硬、身心素质高。

(2)公安院校的能力培养偏重"职业性"。

虽然公安院校人才培养模式强调了"高等性"与"职业性"并重,但相对于"职业性"来说,"高等性"体现还显不足。表现在,从公安院校性质的角度来说,"高等性"只体现在本科学历教育上。三所院校都在学校性质上强调四年制本科高等教育,本科层次与之前发展过程中的专科教育有根本区别;从人才培养模式的角度来说,不论是人才培养目标、人才培养规格还是人才培养方式,都强调在人才培养中注重公安技能的形成和发展,更好地服务于公安工作。在三所公安院校的课程体系中,在基础课程中都强调政治素质培养,因为公安职业的特殊性,三所学校都强调政治建校培养人民警察，同时强调对法律素养的培养和身体素质的提高，政治素质、法律素质和身体素质都有明显的职业定位，而自然科学与社会科学的基础课程虽然在课程体系中占有重要位置，但较之普通高校比重小，专业课程比重较大。造成这个状况的原因主要有两个，一个是公安院校的历史发展原因。我国公安院校是从专科教育发展起来的，在发展过程中，学校人才培养、专业设置并没有发生太多改变，近5年时间公安院校陆续升本，公安院校"高等性"还需要时间来发展。2018年之后仍占用学校的公共学习资源；但绝大部分的公安院校只有公安相关专业，公安专业课程比例高，而且公安工作职业性强，对政治、法律、身体、心理、警务技战术等职业素质要求较高，因此公安院校的"职业性"更突出。

（3）公安院校的素质培养中没有推理能力培养。

公安院校中的素质培养包含综合素质和职业素质两部分，满足公安院校的人才培养目标。但是两部分素质中，没有具体到推理能力。人才培养目标中关于两种素质的介绍，都属于比较宏观的综合能力，比如分析问题、解决问题的能力与创新能力，每种能力中都需要很多具体能力，但是目前公安院校的人才培养目标中并没有明确地细化，缺乏具体能力目标的支撑。推理能力是一个比较具体的能力，是思维能力的组成部分，是构成相关能力的基础。推理能力提高了思维能力就会提高，工作效率就会提高。公安工作需要用到良好的逻辑思维与推理能力进行案件的调查与侦破，提高工作效率，所以推理也是公安工作所必需的职业技能。

4.3 公安院校推理能力培养的调查

能力培养与人才培养密不可分,必须在特有的人才培养模式下,对人才培养目标与能力培养进行研究。公安职业的特殊性决定了其能力培养与高等教育,以及其他职业教育不同。公安院校的性质和公安职业共同决定"培养什么样的人",具有哪些必备的能力,从而决定"如何培养这样的人",二者相互影响,相互制约。广义上的推理能力指思维方式,而不是具体指某种推理方法,是公安职业中必备的基本能力,对预防和打击犯罪有重要作用,公安院校应着重培养推理能力。

4.3.1 公安院校推理能力培养的文本情况

文本资料的调查主要以人才培养方案、课程大纲、课程的教学实施计划等为主。

三所公安院校的人才培养方案中知识培养和能力培养都没有明确提到推理能力,而把推理能力作为职业技能培养的基本条件,但是在课程的目标中,有些有所体现。三所公安院校的课程体系主要分为公共基础类课程、专业类课程和实践拓展课程三大部分,三部分都有推理能力培养的体现。

(1) 公共基础类课程。

三所公安院校都在工科性质专业开设数学类课程,文科性质专业开设形式逻辑学,培养公安院校大学生的推理能力。A院校逻辑学作为选修课，B院校、C院校作为基础课中的必修课，开设1学期，每周2学时。三所公安院校的数学课程都是必修基础课，开设的课时量比逻辑学课时量多，学习周期长，以高等数学课程为例，A院校为每周3学时，B院校、C院校为每周4学时。逻辑学课程目标是为学生树立正确的逻辑观，掌握科学的推理方法，培养良好的推理习惯，并善于在公安工作中运用逻辑知识解决实际问题。数学课程目标是培养学生基本数学能力，数学能力中包含数学推理能力。

（2）专业类课程。

公安院校中开设了专业类的课程，公安院校的专业课程与公安工作紧密相关，均涉及案件的侦破调查，其中有较强的逻辑关系，需要运用大量推理，以此培养学生推理与应用能力的协调发展。在满足人类认识客观事物过程及思维的发展规律下，培养学生认识事实本源，遵照事情各环节之间的逻辑关系，按照思维基本的逻辑格式，强化能力的形成和发展。三所院校有一些共同的专业基础类课程，如刑事侦查学、刑事科学技术。同时，针对不同公安工作中推理能力培养的需要，还开设了一些提高推理能力的选修课，如侦查思维、公安情报分析、网络安全与执法总论等，强调基本理论的学习和掌握，在形成概念的基础上培养逻辑思维与推理能力。专业课程有刑事案件侦查、信息化侦查、犯罪现场勘查、网络犯罪侦查等，这些课程具有技能性，偏于实践，促进推理的应用和职业能力的形成。同时，这些课程根据不同专业需求有所区别，满足不同警种实际工作的需要。除此之外，还开设了一定的选修课，如刑事侦查逻辑、办案逻辑等课程，作为推理能力培养课程的补充。

（3）实践拓展课程。

作为职业院校，三所学校都有社会实践课程。学生在实习过程中，参与具体的公安工作，在真实案件的实践中得到锻炼，了解公安工作特点、积累工作经验。既是学生知识与能力的检验，同时也是真实演练的过程，并在实习教师和经验丰富的民警指导下，获得丰富的推理经验。

4.3.2 公安院校推理能力培养的访谈情况

对三所公安院校公安学相关专业教师 A2、A3、B2、B3、C2、C3 共 6 位教师进行设立主题半开放式的一对一访谈。访谈主题围绕公安院校推理能力与数学推理能力培养的相关问题，涉及公安院校推理能力培养的现状、当前公安院校推理能力培养存在的问题及公安院校推理能力培养的意义三方面内容。

将 6 位教师的访谈整理、归纳为以下三个方面。

（1）三所公安院校推理能力培养的现状。

推理能力是一个比较具体的能力，目前我们谈学生能力培养，大多数是从综合能力的角度出发，所以很难在具体研究中涉及推理这样具体的一种能力。但是我们要培养的是综合能力，比如在分析问题、解决问题的能力与创新能力中，推理能力肯定是重要组成部分。这不仅仅是公安工作需要的能力，而是任何院校在人才培养过

程中都需要着重培养的。(A2教师的访谈)

公安院校的推理能力培养开始受到重视,主要原因是公安工作方法发生改变,以前公安工作靠人力,现在的工作靠效率,人力是指人海战术,以数量为主,效率指依靠各级各类手段、方法、设备,提高成功率提高工作效率的方法就是提高工作思维。现在公安工作的主要模式是智慧警务,公安工作思维中需要用到大量的推理,推理能力提高了,思维能力就会提高,工作效率也就会提高。(A3教师的访谈)

公安院校作为本科层次的职业院校,应以培养高级专业的公安人才为出发点,培养公安工作所需的职业技能,公安的职业技能就是公安工作所需的能力。推理是思维能力的重要组成部分,良好的推理能力是个人发展应具备的基本素质;同时,公安工作需要用到良好的逻辑思维与推理能力进行案件的调查与侦破,提高工作效率,推理也是公安工作所必需的职业技能。(B2教师的访谈)

公安行业的发展要靠公安人才,公安教育培养高素质公安人才是强警的必经之路。当前公安院校招警、育警方式、方法发生变化,前期的招录和培养更注重身体素质、警务技战术能力,而现在注重对警察警务思维能力的培养。推理能力是重要的警务思维之一。(B3教师的访谈)

我国国家公安工作的技术水平、手段在不断提高,这是社会发展推动的,公安工作内容、形式要紧密跟随社会发展趋势。换言之,过去公安工作的方法不能解决现在我们面临的社会问题。公安工作面临的困境和形势要求公安教育提高人才培养质量，人才培养过程中要加强策略意识培养。推理在策略思维中具有重要作用，也可能是策略思维的根本目标。（C2教师的访谈）

目前，我们的教育对学生思维的培养还远远不够。课堂中，勤动脑、爱思考的学生占少数，多数学生还处在被动学习的状态。推理能力要想发展，自主学习和主动思考不可缺少。在这方面，不能只说公安教育，我们的高等教育还需要发展。学生的思维还处在比较初级阶段，学校、教师对学生思维能力的激发和促进还需要提高。（C3教师的访谈）

（2）三所公安院校推理能力培养存在的问题。

归结6位教师提出的公安院校推理能力培养存在的问题，主要是推理能力培养的效果不佳。原因归结为三方面：一是错把知识当成能力；二是应用知识的能力较弱；三是推理能力培养的目标不明确。

推理能力，重心落在能力上，能力培养是一个复杂的过程，需要方法，需要教师的引导和帮助。当前课堂上的一种普遍现象是课程主要培养知识，而不是能力。课程目标中虽然有知识目标，也有能力目标，但是知识目标很详细，具体到知识点，能力目标就是培养推理能力。对推理能力应该培养到什么程度呢？培养了就可以，还是达到高级推理能力才行？这些不得而知，所以教师在推理能力培养上很难把握。学了逻辑学的概念，知道推理方法，不意味培养了推理能力。（A2教师的访谈）

能力，说得简单点是应用知识的能力，但是我国教育，不只公安教育，大学生应用能力、实践能力较差，这是一个普遍现象。不会应用知识解决问题，就不是具有真正的能力。推理能力是一种隐性能力，教师很难判断其水平。推理能力必须能够运用到实践中，解决问题，但是逻辑学只讲知识和方法，学生并不会把它当成一种方法，上升到方法论的高度。（A3 教师的访谈）

推理相关的知识并不是推理能力，我们考试也是考知识点，都是根据课程的知识目标，但考试很难考能力，能力是在工作中检验的，尤其是职业院校，能解决问题就是能力，不是背个概念，做个选择，这种检验只能到学生毕业进入工作中才能判断，但那时学生已经脱离了学校。我国的学校教育在课程讲授过程中，只重视知识的传授，忽略了学生从知识到能力的转换。课堂中强调学生知识的掌握，重记忆轻理解、重知识体系轻灵活应用，学生在课堂学习中掌握丰富的科学理论知识，但知识多并不等于能力强，并没有实现知识积累到一定程度后顺其自然地实现能力的转化。（B2 教师的访谈）

目标不明确，"培养推理能力"，如何培养，课程与能力之间的关系不够明确。只有充分挖掘课程与能力培养的针对性，按对象、阶段、层次清楚具体，才能让教师在课程的设计和具体教学中更具针对性，提高能力培养的效果。（B3 教师的访谈）

我们国家教育中，知识与能力是分开进行的，但这并不意味着这样的人才培养方式有问题。学校教育主要是知识培养，因为能力的形成条件复杂，而且需要时间。大学只有四年，要在这四年时间既学习知识又掌握能力本来就有较高难度。在学校里多学点知识，离开学校参加工作后相信学生慢慢就建立了知识与应用的关系，这就是能力的形成。（C2教师的访谈）

依赖教师、书本、知识来提高推理能力，这只是知识与能力的表面。推理是思考的过程，在这过程中涉及方方面面。侦查推理能力弱，并不代表推理能力弱，很可能是推理基础理论掌握不牢，无法展开推理。目前，我们对推理能力培养的不足，是对学生综合能力培养的不足。专业、学科、课程，过于细化，导致学生将这些内容综合在一起的能力的缺乏，推理能力自然不足。（C3教师的访谈）

（3）教师对公安院校推理能力重要性的认识。

6位教师认为推理能力是重要的能力，是一种综合能力，既是个人生活中的必需能力，也是公安职业发展的重要能力。推理能力需要在课程与人才培养中着重培养，但是培养什么形式的推理能力，如何培养推理能力，需要不断在课程中实践。推理有很多种类，公安用哪一种，还是每种都需要，还需要到工作中调研，教师身处学校，离公安工作有一定距离，对学生能力培养也很难贴近实战。所以能力培养都是抽象形式。

能力培养不需要某种特定形式，传统教学效果好就按传统模式上课，职业技能培训效果好，就不断进行操作。高等职业教育发展到现代，已不再是单纯的职业技能培训，而必须与具体职业未来发展前景相结合,促进人才全面、可持续地综合发展。因此,高等职业教育也脱离不了人与社会的共同发展。对于公安教育与公安院校来说,公安后备人才的培养也应将人才自身能力与职业技能发展有机融合,相互促进。不同能力间并没有严格的分界线,数学推理是一种推理,逻辑学上的推理是另外一种推理,两种推理在方法论意义上,是相同、相通的。公安工作的推理能力,涉及了推理的所有形式、所有种类,数学推理是其中的一部分,对推理能力发展有促进作用。能力间相互牵制影响,不能单独发展某种能力。

4.3.3 调查结果与分析

(1)公安工作内容、形式的变化促进公安院校对推理能力培养的重视。

公安院校大学生推理能力的培养受到关注和重视。公安工作中需要推理,这是公安教育人才培养一直以来的基础能力。公安教育学历化以来,推理能力成为各种课程必须培养的能力,与以前相比,技能性减弱,理论性、方法性加强。当前,公安警务工作发生了深刻变革,互联网技术的发展促进了人工智能、网联网与云计算的发展与成熟,智慧警务的战略思想已不断融入实践。智慧警务的典型特征是"情报主导警务",公安工作不再只依赖人力,传统的"人海战术"和粗放式的信息排查已无法满足当前公安工作的需要,而是强调信息资源的整合与应用,降低人力成本,提高预防和打击犯罪的效率,这些都建立在推理可靠性的基础上。对于人民警察来说,在执法办案过程中,能否按照正确、合理的逻辑进行推理,是否善于进行逻辑推理及逻辑推理水平的高低,决定了办案的效率和质量。高科技犯罪数量的增加,要求办案人员必须具有良好的情报处理能力。大数据时代的到来,从海量数据中获得有效信息并合理应用数据需要良好的逻辑思维和推理能力,还需要更为复杂的推理,对于信息及数字的处理和应用需要数理逻辑中的方法。当前公安工作的发展变化,引发了公安教育对公安院校大学生推理能力培养的重视。新时代的公安工作,需要警察具备较高的职业素养,良好的分析、综合及应用能力,而思维能力是其中的基础。

(2) 当前公安院校大学生推理能力培养效果不佳。

虽然推理能力培养在公安院校中受到重视,但目前公安院校推理能力的培养仍存在问题,主要有两方面:一是课程的能力培养目标不够明确,只是作为综合能力培养的一部分,对推理能力培养不具针对性;二是具体课程培养过程中,过于注重知识性培养,而忽略学生能力的形成,导致推理能力培养的效果不佳。

公安院校注重学生推理能力的培养,除了知识、内容的改变,授课教师与授课对象均已发生改变,学生的思维水平、心理发展水平、经验水平具有较大差异,如何关注不同阶段、不同层次学生推理能力的培养,更好地提高不同课程对培养学生推理能力的实效性,需要对课程本身进行深入研究。除了课程的设置与人才培养目标的确立,还应考虑课程的实施过程。能力的培养是量变到质变的积累过程,在过程中既需要知识的积累,还需要知识到能力的转换，这个过程中需要认识与实践不断地反复，并最终在一些非智力因素的作用之下，形成具有个性化、稳定的技能和智能从而形成能力。因此，推理能力在形成发展过程中，受到课程自身情况、教师与学生三方面的影响，只有协调处理好三方面因素的关系，推理能力培养才能达到预期的人才培养目标。

（3）公安工作及职业发展需要良好的推理能力。

新时期，警察职责的重心要从打击犯罪逐渐过渡到预防犯罪，公安工作要提高精度和效率，必须建立全新的警务思维，运用科学的思维方法，提高预警研判的能力，才能更好地预防犯罪，也能更准确有效地调查和揭露犯罪行为，证实并打击犯罪。警务思维就是以科学合理的思维方式解决问题，良好的思维习惯、思维方法是当前公安工作的基础。智慧警务等新的工作模式成为现代化警务工作的核心，需要在所获得的海量信息资源中提取有效信息进行情报分析，情报分析本身就是在推理的基础上进行决策。智慧警务是公安工作从预防到打击的每一个环节，将汇集智慧的人与被赋予智慧的物结合起来，提高工作效率。充分利用被赋予智慧的物，就是需要利用科技信息手段，高度整合、共享、深度整合资源，其中会用到大量的逻辑推理。公安工作的特殊性及今后职业发展要求公安院校大学生具备良好的推理能力。

4.4 公安院校高等数学课程与推理能力培养的调查

4.4.1 公安院校高等数学课程与推理能力培养的文本情况

文本资料的调查主要以人才培养方案、高等数学课程大纲、课程的教学实施计划为主。

（1）公安院校的高等数学课程。

2018年，我国教育部发布了《普通高等学校本科专业类教学质量国家标准》（以下简称《标准》）。这是我国发布的第一个高等教育教学质量国家标准，引导、监管我国高等教育发展。《标准》中有《公安学类教学质量国家标准》作为公安学类及公安技术类本科专业人才培养的基本要求，指导专业建设及评价教学质量。其中，在通识类课程中，强调自然科学基础课程，各专业根据综合素质培养需要，自主增设相关课程；专业基础课程强调各专业应具备的相关学科知识和各专业应掌握的基础知识、基础理论和基本技能。课程设置中没有明确提到具体应设置的课程，也没有关于数学课程的设置、课时。《标准》中有能力方面的要求，具体能力有公安实战技能、专业技能、信息技术能力、文字表达及公文写作能力、一门外语能力；素质方面要求具备科学人文素养。没有数学相关及推理能力的要求。

公安院校高等数学课程的设置是从积极"升本"开始的，人才培养规格的变化促进了数学课程的发展。公安院校高等数学课程的建设以公安学科、专业持续发展为基础，高等数学课程在公安院校课程体系中的重要性得到加强。目前，主要体现在越来越多的公安院校开始开设高等数学课程，同时对数学课程开设门数、课时数量、评价的要求有显著提高。高等数学、线性代数、数理统计成为公安院校的基础课程，广泛开设在公安技术专业下的刑事科学技术、网络安全、道路交通工程等专业中，高等数学课程在公安院校课程体系中作用有所提高。A院校高等数学课程讲授的内容为一元函数微积分，不同专业课时数为34学时、51学时、68学时不等，线性代数32学时，概率论与数理统计32学时与51学时不等，根据不同专业、不同课时需求进行调配；B院校开设高等数学（上、下）约92学时、线性代数32学时、概率论与数理统计32学时；C院校开设高等数学（上、下）约64学时、线性代数32学时、概率论与数理统计32学时。上述三所公安院校高等数学课程课时数量明显少于普通高校工科专业，普通高校高等数学（上、下）普遍课时数为200学时。

（2）数学推理能力培养的目标。

三所公安院校的高等数学课程中，数学能力培养目标中都有培养数学能力，即用数学的思维方法解决问题的能力，但是没有具体提到数学推理能力。其中，只有B院校在能力培养目标中将数学能力与职业发展进行联系。高等数学课程大纲写道，发展公安院校数学课程，提高数学课程的水平和质量，促进学生学用数学能力的培养，兼顾个人与职业发展的需要，力求解决当前课程中存在的问题、制订课程能力培养目标、设置科学的课程计划、加强数学课程与公安职业的结合，满足公安工作对高素质人才及个人未来发展的需要，对公安教育改革及警察行业发展有至关重要的作用。

公安院校的人才培养模式只有人才培养目标，而知识目标、能力目标不够具体。培养目标是教育的出发点和落脚点，是明确办学理念、确立教育基本思想方针的关键。三所公安院校的人才培养计划中没有明确写出"高等职业教育"，培养目标中只体现了"职业性"，没有"高等性"，推理及数学推理能力培养在人才培养计划中没有体现。三所公安院校在人才培养方案中都强调自己是本科教育，回避了自己是职业教育，但在人才培养目标中只明确强调为公安工作培养高级、专业人才，没有体现人才培养的基本素质。公安院校升为本科专业的时间不久，对本科教育与职业教育的理解片面，认为高等教育设置的课程已包含了对职业技能的培养。三所公安院校在人才培养目标中，详细介绍了作为公安职业培养所提供的职业技能培训，但是没有具体的能力目标，对于综合素质培养，也只是概括介绍综合能力，没有涉及具体能力目标。推理能力培养涵盖在职业技能目标中，比如良好的侦查能力，分析案件、解决案件能力。人才培养目标中没有数学能力。高等数学课程目标中也没有数学能力，而是数学应用能力，具体应用哪些能力，如何应用，没有涉及。我国的公安教育的发展经历了初等职业教育、中等职业教育，高度整合、分析、共享发展到现在的高等职业教育，教育中的职业性色彩较强，对人才培养主要针对具体的职业技能，但职业技能中涉及哪些具体能力，还需进一步细化。

（3）公安院校数学课程与数学推理能力的培养。

公安院校重视"高等性+职业性"，而不是二者的融合，导致虽然有数学课程，但数学推理能力与职业发展不相关。三所公安院校自升为本科以来，都开始重视基础课程。原因有两方面，一是国家加强了对本科通识类课程的要求，同时本科学历教育面临着教育部教学合格评估，对基础课程有严格要求；二是，社会形势的发展变化，提高了公安工作的模式与内容发生改变的速度，对警察职业素质的要求也不断提高，人才培养必须与之相应。随着公安职业社会影响力的提升，公安教育开始注重警察的职业素质提升。

三所公安院校的"高等性"与"职业性"都仅仅体现在课程上，设置了相关课程，学生学习了，就认为是能力的提升。公安教育不能将"高等性"与"职业性"割裂，阻断二者的关系，需要进行整体性、共同性的研究，突出公安教育作为高等职业教育的共性并结合公安职业的特性，在此基础上建立公安人才培养的宏观框架。

4.4.2 公安院校高等数学课程与推理能力培养的访谈情况

公安院校数学教师数量较少，其中A院校4名数学教师中，2名高等数学教师、1名线性代数教师、1名概率论与数理统计教师；B院校3名数学教师中，2名高等数学教师，1名教师根据数学课程安排及需要进行教学；C院校4名数学教师中，2名高等数学教师，2名概率论与数理统计教师。为研究可比性需要，本次访谈均选择高等数学教师。

对 A4、A5、B4、B5、C4、C5 共 6 位教师围绕公安院校高等数学课程与推理能力培养的相关问题进行设置主题的开放式一对一访谈。

访谈过程中,主要问题如下:公安院校高等数学课程与推理能力培养的重要性;公安院校高等数学课程与推理能力培养的特殊性;高等数学课程与推理能力培养之间的关系。现将 6 位教师的访谈整理、归纳如下。

(1)公安院校高等数学课程与推理能力培养的重要性。

6 位教师认为,当前高等数学课程在公安院校课程体系中的重要性提高的主要原因是公安院校"升本",本科层次的高等院校必须开设高等数学课程,这是一个硬性指标。

2011 年"公安学"和"公安技术"一级学科刚刚建立,学科体系的形成需要专业和课程的支撑,高等数学课程是工科专业必修课程。(A4 教师的访谈)

除此之外,高等数学课程的应用性也得到提高。以职业技能培训为根本的公安教育人才培养,以及有些学生在日后的公安工作中并不能用到这些数学知识的实际,有关公安院校应不应该开设数学课程,数学在人才培养中发挥什么作用,对学生职业发展产生什么样影响的讨论一直存在。(B4 教师的访谈)

但是随着计算机与网络技术的发展及"互联网+"时代的到来,冲破了公安数学无用论的瓶颈,随着高科技犯罪率增加对公安民警素质要求的提高，及"科教强警"理念的深入，数学课程的重要性得到提高。高等数学课程的重要性是由公安院校目前的本科学历地位决定的，以前专科高等数学课程可以开设也可以不开设，但是现在作为本科学历教育，必须开设。（C4 教师的访谈）

高等数学课程虽然必须开设，但是从本质上来说，一门课程要融入整个课程体系，在人才培养中发挥作用，还需要时间。比如我们现在开设高等数学课程，但是并没有足够的高等数学教师。（C5 教师的访谈）

6 位教师也认为，自然科学的基本素养，具体的思维能力必须由数学课程来承担。数学是自然科学的基础，是培养高水平科技型人才的重要保障，在网络与计算机专业、刑事科学技术专业、情报与侦查专业中有重要作用。

公安院校教育者对数学课程在人才培养中重要性的认识使得数学课程的地位、重要性不断提高，促进了数学课程的发展，他们科学论证了数学课程在公安教育、人才培养中的基础地位，使数学课程在公安院校中广泛开展起来，根据专业发展、授课的内容、学习的需要安排了一定课时量，提高了学生基本的数学能力。（A5 教师的访谈）

公安院校是公安后备人才培养的承担者，当前公安工作面临严峻的工作形势，高科技犯罪数量增加，数学是思维模式和实用工具，数学知识和数学思维的重要性日益凸显。（B5 教师的访谈）

在公安工作中，对信息的收集和处理需要大量用到推理，尤其是以大数据为特征的信息时代，数学推理能力是公安工作必备的职业技能。良好的逻辑思维推理能力能从海量的信息中提取有效信息，对其进行科学合理的分析及研判，是顺利完成公安工作的基本素质，公安院校应加强对学生推理能力的培养。推理能力的培养需要课程支撑，数学课程培养推理能力，公安院校的数学课程应与推理能力的培养有机结合起来，培养学生具有正确及恰当运用推理解决公安工作的能力，提高工作效率，建立全新的警务思维，防患于未然。（B4 教师的访谈）

推理能力是一种基础能力，专业能力、职业发展能力都要建立在推理能力的基础上。推理能力既是基础能力，也是核心能力，公安人才培养一定离不开。（C5 教师的访谈）

（2）公安院校高等数学课程与推理能力培养的特殊性。

当前公安院校的高等数学课程与高等院校理工科专业数学课程近似，课程目标与公安教育人才培养目标脱离，缺乏对公安教育特殊性的研究，导致高等数学课程对人才培养的作用不明显，甚至产生过对公安院校开设高等数学课程的质疑。课程目标决定教育的价值取向，反映课程的本质属性和内在要求，因此课程建设应首先明确课程目标。公安院校数学课程的目标是满足高等职业教育（公安教育）对特定行业（公安职业）人才培养的要求，提供个人发展与形成职业技能必备的数学知识与能力。

A4 教师与 A5 教师认为，公安院校高等数学课程与推理能力培养的特殊性体现在公安职业的特殊性上。公安院校的课程体系中最重要的是政治课程，占有较大比例，高等数学课程不能像普通高校一样占有大量课时。普通高校理工科专业高等数学课程开设两学期，总量超过200学时，而公安院校的课时量在100学时左右，有的只有30学时。学时少不利于数学能力的培养，数学推理能力也很难得到锻炼，而高等数学具有较强的逻辑体系，内容抽象难懂但内容间联系紧密。这就要求公安院校在数学课程建设中对内容的取舍、课程的设计、重难点的安排要得当，实现课程目标。

B4教师认为，公安院校高等数学课程与推理能力培养的特殊性来源于公安教育的特殊性。公安院校是高等职业教育，职业教育培养应用能力。所以，公安院校高等数学课程在数学基础知识、培养数学基本能力的基础上更强调专业性和工具性，和公安专业结合得更紧密并在公安工作中更具实践意义。数学推理能力是数学能力的基础，公安工作需要用到一些数学能力，这些数学能力中就包含数学推理能力。具体表现如下：在信息技术发展下，以信息、网络为主的高科技犯罪数量增多，对网络安全的防护与保卫能力的要求提高，需要良好的数学信息技术能力；大数据时代的到来，执法民警必须具备一定的数据处理和分析能力，通过数字研判降低犯罪率；在案件侦破过程中，要求办案民警有较高的理性思维和推理能力。因此，公安院校的数学课程建设，应在知识培养的基础上，强化学生的数学应用意识和实践能力。

B5教师认为，我国公安院校（除两所部属院校外）普遍规模较小，每年招收学生人数在千人左右。办学规模小的优势在于，授课形式采取小班授课，每个班级约 40 人。普通高校高等数学课程是公共课，采用大班授课，公安院校的高等数学课程对学生的能力培养有优势。对于数学课程来说，小班授课可以提高课堂效率和质量，便于开展师生互动、作业批改、答疑解惑更充分，可以收获更好的教学效果。公安院校的数学课程建设应充分利用小班授课的优势，促进学生的数学学习，培养推理能力。

C4 教师认为，是不是本科公安教育就必须有高等数学课程，专科公安教育就不需要高等数学课程？这样的问题如果单从人才培养角度来说，很难回答，但如果说从"专升本"那天的瞬间，高等数学课程就重要了，这个问题也不能这样说。对于这个问题，首先要回答的问题是，公安教育为什么要"专升本"。公安工作的形势变化，对人民警察的要求发生变化，可能专科教育已无法满足公安工作的需要，所以我们才要通过本科教育培养高级专门人才。

C5 教师认为，公安数学教育的发展刚起步，目前面临许多困难。首先，公安院校高等数学教师数量缺乏，没有固定教研室，甚至人事关系放在哪个系部都有待商榷，整体来说，教学存在一定困境。其次，是认同感缺乏，包括自身认同感、学生认同感、同事认同感，转变这样的认识需要时间。数学的学习也不一定就是为了用数学解决问题，把它单纯地看成一种思维训练、逻辑训练，也是必要的，高等数学的学习与在公安工作中应用之间的关系是隐性的，不能建立直观联系，因此更需要公安教育与专业的发展。

（3）公安院校高等数学课程与推理能力培养的关系。

从整体上来说，数学既是体系化的，也是结构化的。对于数学课程来说，初等数学是常量的数学，高等数学是变量的数学，但什么样的数学是变量的数学，什么是"变"或"变量"，将"变"的概念引入数学，对学生思维能力的培养会引起深刻的变化（齐民友，2008）。高等数学是运动的、辩证的，而且是无限的，使得学习高等数学过程中，学习者的思维过程及思维结构发生了极大的改变。大学数学学习过程中学生的推理确实与之前的推理不同，这主要是由高等数学课程内容及其特性所决定的。

总结上述6位教师的观点，公安院校高等数学课程与推理能力培养的关系主要有两点。

一是数学推理能力是推理能力的一部分，二者并不矛盾。对于高等数学课程培养的数学推理能力，存在一些错误的认识。数学的基本方法，以演绎为主，更注重公理系统的完全性、独立性和无矛盾性，这种数学体系下的推理与生产、生活中的推理有本质不同，因此数学推理无法应用于实践。这样的观点会导致公安教育中对数学课程培养的推理能力能否运用到公安实践中的质疑和担忧。（A4教师的访谈）推理是思维，具体说，是逻辑思维的重要部分，是在概念、判断之后得出的推断。推理与数学推理从逻辑的角度出发，两种概念本身并没有实质区别。数学推理更倾向于用数学的方法进行推理，但推理的具体过程和推理习惯相同。

二是高等数学课程的学习与数学推理能力发展并不成比例，需要从课程中促进能力发展。（C4教师的访谈）公安院校的数学课程中除了作为进行思维训练的有效方法，还应有意识地加强学生把推理作为思考问题、解决问题的工具和手段应用于实践中，这是公安教育数学课程应重点强化的能力部分。公安院校数学课程对推理能力的培养要尊重思维发展的基本过程，一是培养学生主动进行推理的意识，二是教会学生如何在概念、判断的基础上，得出有效结论，这符合逻辑思维的过程，是正确运用推理的方法。

4.4.3 调查结果与分析

（1）公安院校高等数学课程需兼具"高等性"和"职业性"。

公安院校的高等数学课程也应具有"高等性"与"职业性"双重特性。公安院校的高等数学课程具有高等性，教育部颁布的《高等学校工科本科部分基础课课程教学基本要求目录》及教育部高教司理工处颁布的《高等学校理工本科指导性专业规范研制要求》中，都对数学课程、课时数量及数学能力培养提出明确要求。随着国家对高级人才基本修养要求的提高，基础课程在课程体系中的作用和地位得到不断提高；公安工作对人民警察综合素质能力的需求，公安教育从职业导向转变为综合素质培养，即"警察"的教育转变为"人"的教育，基础课程在人才综合素质培养及后续职业能力发展中扮演着越来越重要的角色。公安院校有工程技术专业，需要开设高等数学课程。同时高等数学课程还担负"职业性"教育，数学是培养人的思维的学科，公安工作需要良好的逻辑思维能力，解决公安实际问题。数学推理能力是数学思维能力的一部分，也是推理能力的重要组成部分，是优秀人才应具备的基本能力。数学逻辑思维能力与推理能力是数学课程培养的重要能力。公安教育的高等数学课不能只关注基础性能力培养，也要结合职业技能培训，提供警察必备能力素质作为未来职业发展的支撑，基础性与专业性不可偏废，二者都在提高警察的人文修养、全面推进素质教育过程中起到重要作用，高等数学作为公安院校基础课程是公安课程体系及人才培养的基础和核心。

（2）公安院校高等数学课程需满足人才培养目标。

公安院校高等数学课程不断发展，对学生数学推理能力培养有所提高。公安院校应明确高等数学课程的理念和人才培养目标，突出适应社会、满足人才发展需要的数学能力的培养（马知恩，2008）。公安院校明确人才培养目标后，数学课程的重要性也随之提高。数学课程作为基础课，被认作是体现教育"高等性"的代表，公安技术一级学科的成立，公安院校纷纷升为本科，数学课程成为本科院校的"必需品"。"科技强警"需要高素质的人才，提高人才素质成为公安教育发展的动力，数学推理能力是公安工作重要的能力素质。培养良好的思维能力和推理习惯，有助于高素质、高技能人才的培养，可以提高工作效率，弥补警力资源不足的困境。在人才培养中，科学合理设置课程，全面实施素质教育，健全"文化素质＋职业技能"，将职业道德、人文素养教育贯穿培养全过程，形成适应发展需求、产教深度融合、职业教育与普通教育相互沟通，体现终身教育理念，具有中国特色、世界水平的现代职业教育体系。只有将公安人才的基础素质与职业素质融合起来，才能更好促进个人的发展。

（3）公安院校高等数学课程应更好培养学生的推理能力。

公安院校高等数学课程的特殊性对数学推理能力培养有影响。作为公安院校高等数学课程培养的数学能力，不是分出哪些能力是高级人才综合能力，哪些是职业能力，而应该将二者统一起来。数学推理能力既是高级人才应该具备的基础素质，也是公安工作中应具备的职业素质，二者相互统一。公安案件侦查需要良好的逻辑思维，需要进行判断推理，数学推理与推理之间存在密切关系，高等数学课程人才培养应注重数学推理与公安案件侦查所需推理之间的联系。

公安工作需要培养具有良好综合素质的高级人才，要具备健全的法律意识和责任意识，执法严明，具备良好的身心素质及职业归属感和成就感，还要具备良好的思维能力。高等数学课程所占比例有限，数学推理能力培养需要方法和指导。

公安职业的特殊性、公安教育的特殊性和公安人才培养模式的特殊性对公安院校大学生数学推理能力培养有一定影响。同时，公安教育作为高等职业教育，培养维护公共安全、打击犯罪的人民警察，和其他的以具体、实用的设备、工具、程序，并具有一定工程性的技术教育为主的职业教育不同，公安教育属于一种"策略"型教育，具备较高的"知识含量"（姜大源，2011）。公安院校必须以培养大学生数学推理的应用能力,解决公安工作中的实际问题为目标。

4.5 公安院校高等数学课程的课堂调查

4.5.1 课堂观察设计

(1) 课堂观察的分类。

选择的三所公安院校只有高等数学课程开设学期相同,其他两门数学课程(线性代数和概率论与数理统计)课时数量、课程性质、开设时间均不相同,不具有观察条件和调查意义,因此本次课堂观察选择高等数学课程。对 A 院校 A4、A5 两名高等数学教师采取参与型观察,作为一个参与观察者深入两位教师的课堂,直接体验两位教师的课堂情况。在观察之前,与两位教师约定好时间、授课内容,对于课堂观察的内容、方法进行交流。对 B、C 院校各两名高等数学教师 B4、B5、C4、C5 采取非参与型观察,通过教务处的视频监控系统,观察课堂录像。

(2) 课堂观察的准备工作。

在观察准备工作中发现,3 所公安院校高等数学的课堂教学遵循一套严格的内容体系:概念,本节课程的主要内容;概念的证明,加深学生对概念的深入理解;例题,强化学生对概念的理解;作业,巩固与复习本节课程的内容。每节新授课形式高度相同,确定观察的时长：每位教师 2 学时，90 分钟。根据教学量，每周只有 1 次课，为了便于调查，只选择一次课堂情况进行调查，其他课程讲授情况，通过访谈了解教师进行授课情况。

确定观察的问题：高等数学课程与推理能力培养的课堂情况。从教师的角度，观察教师的授课方式（概念的讲解、例题的练习和师生间的提问交流）；从学生的角度，观察学生的学习情况（回答问题情况、笔记情况、与教师的互动情况）。

4.5.2 课堂观察情况

在课堂观察前，了解 6 位教师的教案情况。教案内容将课堂主要环节分为概念、概念的证明、例题和练习四部分内容。在课程设计中，只有 1 位教师设计了课堂提问的内容及课堂交流的环节，其余 5 位教师的教案中以课堂讲授和练习为主。与 6 位教师进行交流，授课以讲授和练习为主，课堂内容和授课过程与教案无差别，课堂内容不同，但教学环节、课堂情况相同。

由于研究时间的课程进程，及为了便于研究的横向对比，6 位教师的授课内容均选择函数的极限。学生们在进入大学之前，已经学习过函数极限的部分内容，了解函数的基本概念，会求部分函数的极限。课堂观察的基本情况如表 4.2 所示。

表 4.2　课堂观察情况

环节	教师					
	A4	A5	B4	B5	C4	C5
概念讲解	详细	简单	简单	简单	简单	详细
启发思考	无	无	无	无	无	有
课堂提问	有	无	无	无	无	有
例题练习	有	有	有	有	有	有
学生提问	无	无	无	无	无	有
课堂纪律	优秀	优秀	良好	良好	良好	优秀

教师 A4 的概念讲解，首先进行问题引入，提问函数与数列的联系与区别，然后复习数列极限的概念，在数列极限概念的基础上引入函数的极限，让学生理解其中的区别和联系，然后让学生理解函数的极限。在理解概念的基础上，学生开始自己进行练习，教师建立了例题与概念的联系。教师 A4 的提问集中在开课部分，只是启发学生进行思考，并没有具体提问，教师并没有给学生留出思考时间，立刻公布了答案。课堂没有出现一对一提问，只是进行了整体提问。提问过程中，回答的学生为少数。A5 教师课堂没有提问，以教师讲解为主。在讲授过程中，概念讲解较简单，只是对概念中的关键字进行了解释，对概念中的符号及函数并没有具体展开讲解。课堂以例题练习为主，以例题反过来加深概念理解。A 院校对学生课堂纪律要求比较严格，学生按照指定位置坐好，教师按照座位表提问，学生在课堂学习情况良好，积极配合教师布置的任务。

B 院校教师 B4 打乱内容顺序，先根据数列极限概念讲了函数极限的例题，然后讲函数极限的概念，最后讲函数极限性质。课程中提了三个问题，都是对学生的整体性提问，第一个问题是开课复习数列极限概念是对极限概念的提问，第二个问题是对函数极限概念理解的提问，第三个问题是对函数极限性质的理解。B5 教师整个课堂没有提问。两位教师对概念的讲解都是将根据概念逐句解释，如符号、公式的具体含义。练习题为书上的 6 个练习题，教师逐一讲解。B5 教师只选了 3 个例题，例题 1 教师讲解，学生模仿，后两个例题学生先独立完成，然后教师统一讲解。B 院校的学生整体表现情况良好，认真记录和练习，课堂安静、秩序良好。个别学生睡觉，看课外书。

C 院校 C4 教师在教学过程中，只是把函数的概念展现在 PPT 上，给学生 5 分钟时间自己理解，并没有进行解释和讲解。但是提问学生，概念中有没有不理解的地方。少数学生回答，能理解。课堂中有大量的习题练习，对习题讲解得较为详细。C5 教师在开课的时候提问了 1 个问题，即高中在函数极限讲了哪些内容。有 3 位学生进行了回答。回答之后，教师指出了学生回答中的问题，从而给出了函数极限的概念。在概念中，对具体符号及函数表达式进行了详细讲解。整个函数概念的理解时间大约为 30 分钟。在概念讲解过程中，对概念进行了举例说明。同时，深入讲解了函数、领域、绝对值不等式等概念。在概念讲解后，给学生 5 分钟时间消化概念，让学生提问并答疑。有 1 位学生进行提问，问题是：极限值是函数值吗，极限值与函数之间究竟存在什么样的关系。有 2 位同学对这个问题进行了回答。教师对这个问题进行了详细解释。第二小节课进行习题练习。

4.5.3 课后访谈情况

（1）对教师的访谈。

课程结束后，笔者对 6 位教师关于函数极限的课程目标、知识点与能力点、学生参与的设计、数学推理能力的培养四部分进行访谈。

对于本节课的课程目标，6 位教师都认为应首先理解函数极限的概念，其次掌握求解函数极限的方法。因为函数极限概念抽象难懂，需要不断强化理解。但是理解到什么程度，教师们没有说明，只是强调对函数极限概念的理解为后续的导数、微分学习做铺垫。掌握函数极限求解方法，主要强调一些特殊函数的求解方法需要记忆。6 位教师都强调了函数极限概念的重要性，同时也认为极限概念是高等数学中最难理解的概念，很难做到通过讲解概念让学生理解，而且学生理解水平、理解情况也没有办法测量，只能让学生自己体会。本节课的知识点是极限概念和性质，能力点是培养数学思维，主要是抽象思维。6 位教师认为函数极限概念的应用性比较弱，对于极限的证明要求也不高，不需要对函数极限进行证明，主要强调对极限概念的数学语言学习的习惯。课程中的学生参与，只有 A4 和 C4 教师进行设计，其余 4 位教师认为极限概念不需要学生参与，如果学生参与恐怕课程任务无法完成。

对于数学推理能力培养，A4 教师认为推理能力是一种综合素质，学生在回答教师问题、理解概念、进行例题学习过程中时时刻刻都在进行推理。即便课程目标中没有提到推理能力培养，在过程中也会用到推理，因为数学学习无法离开推理。

A5 教师认为，函数极限这节课难度较大，无法直接让学生进行推理获得结论，还是需要教师直接讲解。数学推理能力培养需要分内容，对于太难理解的知识，让学生进行推理有困难，也没有足够的时间引导学生进行推理。所以，本节课的设计中不包含学生推理的环节。

B4 教师认为，推理能力没有一个具体的部分，在讲课过程中，没有一个特定的步骤和环节是用来培养推理能力的，所以推理能力培养目标蕴藏在数学能力培养之中，学生每一次进行思考都会用到推理。整个课程就是对推理能力的培养。

B5 教师认为，培养学生的数学推理能力需要教学设计有针对性，设计具体的环节调动学生进行积极思考。教师主导的课堂，学生可能会进行一些推理，但还是以被动接受为主，被动接受用到的推理比较有限。课程可以有针对性地设计一些推理的环节，培养学生的推理能力。但是教师在授课过程中，更偏重知识的讲解，没有给学生参与学习留有太多的时间和机会。

C4 教师认为，学生自己理解了函数极限的概念，就是其推理能力的提升。概念和解题之间有联系，学生在求解过程中，对于求解所得的极限值的理解会回归到概念中，但解题不需要直接用到概念。二者之间关系紧密，但不是正相关。函数的极限是摸不着、看不到的，是思维的理解，在理解过程中就是思维的培养。高等数学课程与线性代数、概率统计不同之处也在此，是一门纯思维的学科，可以很好地锻炼学生的思维。

C5教师认为，对于极限来说，是整个微积分学的基础，学生必须准确理解函数极限的概念，才能为后续课程的学习做准备。概念学习在高等数学学习中非常重要，应该通过各种方法，让概念直观化，便于学生理解，如极限的几何意义。但是对概念本身的理解和几何意义之间也有区别，不能让学生把几何意义作为函数极限概念的理解。应该引导学生思考并回答问题，受到课时、内容等多方面因素的限制，平时课堂，只是比较喜欢数学的学生会进行交流，多数学生从未在课堂中发过言。

（2）对学生的访谈。

在每个课间，笔者随机抽取2名学生进行访谈，访谈的问题围绕学习效果、概念理解情况、例题掌握情况和课后学习情况四个方面进行。

从本堂课学习效果来看，12位同学中有2位认为本节课学习效果为优，6位同学认为听懂了，4位同学认为没听懂。

在概念理解方面，对概念学习的认知，8位同学均不知道学习极限概念的目的是什么，教师也没有讲过为什么要学函数的极限。他们对极限概念的理解，停留在高中阶段的理解水平，认为极限是无限接近但不等于，停留在高中数学对极限举例的反比例函数。

从例题掌握情况来看，10位同学认为极限值是函数值，但是因为没取到固定点，所以靠近函数值但不等于函数值。3位同学认为本节课例题与概念没关系，5位同学认为例题是概念的具体举例，4位学生对此问题不关心，而比较在意作业题目是否会求解。所有同学都认为本节课进行了推理，但是自己在哪里运用到了推理无法说清，1位同学认为将概念应用到例题中运用到了推理，找到了概念和例题之间的关系，同时加深了对例题和概念的理解。

对于课后学习情况，4位学生认为会继续理解极限的概念，然后做课后作业；6位同学认为例题已经明白，本节课的学习任务完成，会继续做课后习题加深印象；2位同学认为高等数学不必要理解概念。

4.5.4 调查结果与分析

（1）高等数学课程目标中没有体现推理能力的培养。

公安院校的高等数学课程目标中没有数学推理能力的培养，课程目标与能力目标较大，没有细致到具体的能力点。课程中注重例题的学习及课堂练习，教师与学生以解题为学习重点。在课程中，并没有重点强调概念的理解，主要原因是高等数学概念比较抽象难懂，学生很难通过讲解理解，教师通过例题与概念的联系让学生加深对概念的理解。概念讲解不能引起学生的学习兴趣，学生听不懂，有部分学生会因此放弃。对于概念主要注重概念的记忆，并没有从逻辑形式中考查对概念的理解。

（2）高等数学课程中没有学生推理的内容和环节。

教师在课程中没有进行启发学习，教学中教师直接要求学生记忆概念和结果，没有教学设计鼓励学生通过思考获得答案。因为教学中，没有需要学生推理的内容和环节，课程中教师既不清楚学生的思维现状和推理能力，也没有为学生的思维发展提供合理完善的教学情境。教师和学生只注重例题的学习，例题的练习过程都是学生先做，教师再讲，然后学生重新整理。教师会对学生针对例题的提问进行答疑和讲解。学生没有养成良好的高等数学学习习惯，学习主要是为了做题，停留在模仿阶段。任何思维都是一种原创性思维，训练的目的就是积极引导思维，只有合理引导，才会使推理成为一种习惯，既满足个体思维发展的需要，又培养良好的思维能力。

（3）高等数学课程中学生缺乏主动思考。

高等数学课程中，学生被动记忆，缺乏好奇心和学习兴趣。思维的发展，也要靠学生的主动意识。教师没有引发学生的思考，虽然学生学习很认真，但是课堂学习参与不足，整个课堂学习秩序良好。学习过程中，以机械理解和记忆为主，主动参与学习机会有限。造成这一状况的原因是课程学习内容过多，而课时有限，不利于学生自主学习的开展。

4.6 总结与讨论

第一，公安院校的人才培养模式需明确人才培养目标、过程和方式。

目前，公安教育人才培养目标中存在的主要问题：从职业技能培训到高等职业教育的转变不够彻底，由专科到本科的转变不完全。公安高等教育是公安院校面向公安机关培养公安专业人才，适应公安工作和公安队伍建设的专业化、职业化和正规化要求，提高公安专业人才的实战应用能力和创新能力，预防和打击违法犯罪活动，维护国家安全和社会稳定。公安院校是本科层次的职业教育，人才培养模式具有"高等性"和"职业性"，人才培养模式应明确满足公安实际工作需要的高职业素质的人民警察的人才培养目标，为学生构建知识、能力、素质结构，具备过硬的政治素质，熟悉相关政策的法律和技术标准，掌握职业必需的基本理论、知识和技能。

目前，公安院校的人才培养过程和方式存在的问题，一是能力、素质结构描述不够详细。公安有哪些具体工作，满足这些工作需要具备什么样的素质，公安人才培养需要着力培养，但需结合课程对这些能力素质进一步细化。只有将能力细化，才能体现在具体课程中，教师也能根据需要有针对性地设计课程。二是"职业性"较为突出，"高等性"不足，二者相互割裂。其表现在人才培养目标着重强调职业技能发展，而没有关于素质结构的论述，导致目前公安教育近似于职业技能培训，而对于人才综合素质培养较为欠缺，而如何将"高等性"与"职业性"相融合，促进人才全面发展，需要进一步提高。当前，要确定的是在现有公安人才培养模式下，作为"高等性"的属性，应该培养大学生哪些能力、素质，而作为"公安职业性"属性，要培养哪些能力、素质，两部分要培养的能力、素质之间有什么样的联系、区别，如何在人才培养模式中体现并实施，才能提高人才培养的质量。

第二，公安院校需确立推理能力培养的地位、意义、目标。

新形势下，公安工作要求人民警察具有良好的推理能力，满足现代警务对人才的要求。公安院校已认识到推理能力在案件侦破、情报分析与研判及智慧警务中的重要作用，并且在专业课程中，注重侦查逻辑、思维课程对人才逻辑思维能力的培养，并在实践课程中，强化学生职业技能训练。但在人才培养目标、能力要求及素质方面，并没有对推理能力提出明确要求。在课程的能力目标培养中，也没有涉及推理能力的要求。

对于推理能力的认识有不足，甚至有错误。推理能力是一种基础能力，还是专业能力？推理能力是思维能力的组成部分，思维能力是人才培养的基本能力。在我国，大学以前的基础教育着重培养推理能力，大学生已具有较高的推理能力。当前的公安工作，也需要运用良好的推理能力进行案件的调查侦破。推理本身都是由已知得出未知，在推理过程中需要不同的推理策略和方法，进行推理之前，还需要不同的概念和判断，公安侦查中根据案件逻辑，针对不同问题采取不同的推理策略。公安工作中用到的推理能力，和我们初等教育中培养的推理能力之间有什么样的联系？培养良好的推理方法及推理习惯，提高推理的合理性及准确性，并对推理结论进行反思、调整。那么进入大学，大学生是否还需要进一步培养推理能力？思维不断发展，对事物的认识更深刻、全面，有利于更合理进行推理。同时，推理能力是综合能力的基础，综合能力的提升需要推理能力的支撑，在提升综合能力的过程中，推理能力也会增长。设置明确的推理目标，确定促进推理能力培养的具体课程，有针对性地对学生推理方法、习惯进行培养，提升学生推理能力。

第三，公安院校的高等数学课程与推理能力培养关系不明确。

公安院校人才数学能力培养的目标不够明确，课程的性质、地位、作用均需进一步明确。公安院校的高等数学课程在"升本"后陆续开设起来，开设在公安技术相关专业中，作为专业课程的基础。公安院校的高等数学课程现在面临一些问题，2018年教育部出台的《普通高等学校本科专业类教学质量国家标准》中的《公安技术类教学质量国家标准》中，没有明确公安院校是否必须开设数学类课程，没有强调具体的数学能力要求。目前，公安院校课时量较少与数学课程自身特点冲突明显，数学教师数量不足，学生学习兴趣较弱。数学推理能力培养针对性不强，数学课程对学生的培养主要是掌握一定的数学知识，教师和学生较重视数学习题练习，教学设计和教学方法没有涉及推理能力培养。公安工作中用到的推理与数学推理的关系不明确，认为数学推理与公安推理不具相关性，但公安工作中较少用到数学推理。

数学课程教学以教师讲授为主，学生进行被动学习，学生主动思考的机会较少。课堂秩序良好，学生们都能按照教师要求完成学习，进行课堂练习，但师生互动、生生互动较少。多数教师在课程讲授中对学生概念理解的要求不高，课程中的概念以教师的讲解为主，对学生是否理解概念缺少关注，多数学生认为概念与解题关系较小，并不理解概念的具体的含义，或者对概念理解较为模糊。概念理解不清，会对推理中判断有一定影响。

第5章 公安院校大学生数学推理能力水平的研究

对于思维能力的测量,尤其是对高阶思维能力的测量并非易事,推理能力属于高阶思维能力。对推理能力的测量包括很多要素,如推理能力的具体水平、特点、方法、效果等,以及在此基础上进行的评价。对于推理能力水平的测量,简单的方法是从推理的结果出发,判断推理的有效性和合理性;而对于推理能力特点的考查,更多是针对推理的过程,将推理过程显化,包括推理的思考方式、层次、类型,甚至包括认知信念,不能用单一的某种理论或框架涵盖。推理能力建立在知识结构之上,推理能力的水平,主要表现在对概念的相关理解,对概念之间联系的认识,概念规则的建立,以及通过概念规则进行合理的分析和判断所展现出的差异性。推理能力与认知水平紧密相关,同时认知信念(包括感知的自我效能、任务需求及任务吸引力)及教师的作用也会对推理能力水平产生重要影响。对推理能力进行测量和评价,方法最重要。

5.1 数学推理能力水平的研究设计

5.1.1 数学推理能力水平的研究内容

数学推理能力水平的研究内容，主要包括数学推理能力水平的结构、推理能力水平的特点、数学推理能力水平的评价。

（1）大学生数学推理能力水平的结构。

能力水平是指能力的分类标准，个体能力的层次水平。认识并分析能力水平有助于深入了解能力本质，对进一步测量能力，及能力的发展、培养、提高，有至关重要的作用。能力本身就包含一种结构，内部有多重构成要素，能力的构成需要多种要素合乎规律地协调组织。对于推理能力，内部各要素之间有多种组织形式，各要素既相互依存又相互制约，只有多要素共同发展才能促进能力水平的提高。

数学推理能力水平包括有效性、条理性、灵活性、创造性、反省性五个不同层面的结构要素，以此从不同的角度对学生的推理能力进行分析和衡量。有效性指通过推理得到的结论是真实可靠的，可靠的结论来自两个阶段，一是作为推理的前提是真实的，包括正确地理解概念、命题、定义，并能够作出正确、合理的判断；二是能够对推理的前提条件运用正确的推理形式、方法，使得前提的真实性能够传递至结论。条理性要求具有良好的抽象能力及概括能力，并能够把思维的过程与结果以合乎逻辑的语言表达出来。推理的灵活性要求具有推理方法的多样性与思维良好的迁移、可逆与反思能力。创造性表现为大胆的假设与谨慎求证的心理过程。反省性要求学生能够对推理的过程及结果进行自我控制和调整，能够对推理进行论证，在论证过程中提出疑问，能够寻求解决疑惑的方法并不断改进并完善推理的策略。

我国的初等教育对推理能力的培养有严格且明确的说明，能力培养目标和要求依照课程标准对数学课程进行具体安排，对不同阶段学生的数学推理能力有明确设定。例如，《普通高中数学课程标准》强调数学核心素养共6个，其中一个就是逻辑推理。在数学中，像在任何科学研究中那样，有抽象和直观两种倾向。一种是抽象的倾向，即从所研究的错综复杂的材料中提炼出其内在的逻辑关系，并根据这些关系把这些材料进行系统的、有条理的处理。抽象可以分为弱抽象与强抽象，是人们认识事物的两种基本方式：通过弱抽象，人们可以把结论推广到一般的情形；通过强抽象，人们可以更深刻地认识事物某一方面的特征（李昌官，2017）。另一种是直观的倾向，即更直接地掌握所研究的对象，侧重它们之间关系的具体意义，也可以说领会它们的生动形象（希尔伯特，1959）。抽象的倾向和直观的倾向将数学思维分为两类，一类是在已知命题及概念下，进行逻辑推理的抽象思维，另一类是通过观察、实验、类比、联想、不完全归纳等方法，进行合情推理或似真推理的形象思维（张玉峰，2014）。

大学阶段是个体思维发展的高级阶段，这个时期的思维具有一定的抽象概括能力，并且在之前学习与发展中，积累了一定的知识，可以熟练运用推理的方法，也可以运用逆向思维进行反省活动,大学生的推理能力已达到相对较高的水平。这种较高的思维水平,让大学生具有较强的逻辑思维能力,也可以理解更加抽象的概念,并且可以运用已有的知识及方法得出结论,得出结论的准确性会得到提高。大学生的数学推理以逻辑推理为主。

同时,大学生记忆水平和模仿性思维达到了较高的水平,在记忆和模仿能力的推动下,产生较强的记忆、模仿性推理能力,并具备通过实验方法检验推理结果的能力,推理的结果会在检验中不断完善。在这样不断思考、发展的过程中实现了思维训练,有助于学生思维的进一步发展。而其中作为内部环境与外部环境纽带的就是课程。外部环境是指个体自身从外界获得知识提升能力,内部环境通过学习经过大脑吸收、转化提升思维能力。从内部环境来说,另一方面,大学生的思维已经达到了能够理解、掌握抽象的程度,具有较强的经验性推理能力,能够从回忆事实中复制算法。从外部环境来说,大学生习惯并依赖过去的经验,它们被视为相接近的项目的重复,主要是由于惯性的作用而不是由于理性(Lithner,2008)。因此,在这样的思维发展过程中,更需要外部的合理刺激,进行创造性思维,学生的思维在学习中发展推理能力。

(2)大学生数学推理能力水平的特点。

推理能力具有一般性,比如推理的发展与培养,但也有特殊性,不同人的推理能力存在特殊性。

从大学生在高等数学学习过程中的思维方式来看推理,主要是对概念的理解。高等数学概念具有高度的抽象性和逻辑性,大学生在学习高等数学过程中，对精确的数学定义、概念的理解，需要用到大量建立在精确定义基础上的逻辑演绎。通过演绎的方法用定义理解定义，通过定义的逻辑构造性质，学习者在学习过程中，头脑里逐渐对同时存在的早期经验与不断构建起的新的逻辑演绎实现新的平衡。皮亚杰的认识论中有关认识的发展虽然建立在主观对刺激的同化、顺应上，但是这种同化、顺应是建构在已有认识基础上的。高等数学是用精确的数学工具来表达在观测和实验的基础上概括出来的自然规律，把精密的科学实验方法与数学的分析方法结合起来，不再静止、孤立地解决问题，而是从整体和变化之间的关系去看待变量，透过现象看本质规律（朱学志，1990）。因此，学习者在学习高等数学之前，不仅没有相关、类似的认识，甚至打破了对前期已有具体知识的认知，所以这种同化过程会产生强烈的冲突。

从推理的形式来理解大学生的推理能力，主要包括推理的类型和层次，推理作用领域的不同，进行推理的应用方式和方法也不同，人们对推理能力特点的认识、研究方法、划分形式也呈多样化。简单来说，对推理特点的考察可以分为两类。一类是针对推理过程，如对于推理过程中的严谨性进行分析，可分为严密的形式演绎、拟形式化、说明式、直观式、操作式五种形式；对推理过程严格性地划分，可分为过程性论证、形式证明、公理化方法。另一类从推理的结果对推理层次进行衡量，不同推理习惯可分为形式化的、说明式的、举例的、视觉的、经验式的五种形式；对推理结果的认可程度，可划分为可接受、不完整、不适当、直观证明。

从推理的认知信念出发，关注不同个体在解决问题过程中所倾向的思维方式或者思想方法，是世界观和方法论内化于人脑中的一种理性认识。推理类型是思维习惯的一部分，支配个人如何应对问题，包括三个相互关联的要素：信念、解决问题的方式方法及证明模式。数学是自然科学的理论基础，在学校教育与人才培养中具有重要作用。数学课程对于培养学习者良好的思维方式、习惯有良好的效果，而且数学可以培养更抽象、更深层次的思维模式、思想方法，在数学情景之外仍然产生广泛影响（曹荣荣，2011）。

对于课程而言，我们确实不知道课程与思维之间的相互作用是如何实现的。例如，数学推理方法，学生是怎么学会的，靠模仿，还是靠探究，或者互相配合（斯梯恩，2015）。关于这个问题的解答，直接关系到课程的设计与教师对所教课程的基本理念。究竟如何设计课程并实施才能更好地培养学生的推理能力，才能通过教师的正确引导，促进学生更好去思考，积极进行推理？教师的重要作用还体现在对于抽象而不可直观的内容而言，推理可能更需要通过教师的示范，让学生进行模仿，当学生自身能够建立起对概念的理解，学生就可能自发地建构起推理的方法（斯梯恩，2015）。

（3）大学生数学推理能力水平的评价。

虽然一直强调数学培养的推理能力是逻辑的，但并没有人试图对什么是真正的逻辑，以及为什么数学推理是逻辑的，或者很难用简单的语言解释数学的逻辑性（史宁中，2016）。如果很难去描述什么是逻辑，并为逻辑下一个明确的定义，那么在实际研究中就很难判断它，什么样的思维是逻辑的，或者什么样的思维不是逻辑的，这给思维，尤其是逻辑思维提出了一个难题：如何评价逻辑思维。推理是逻辑思维的重要组成部分，虽然我们都希望通过推理得到一个真实可靠的结论加以应用，但并不能只从推理结果的准确性去评价思维的整个过程是不是符合逻辑的。正如对于数学而言，由于学科及内容的特性，我们相信数学是逻辑的，并认为通过数学逻辑推理出的结论是可信的，所以我们用数学培养学生的逻辑思维，并试图对学生的推理能力进行科学的评价，既可以衡量学生推理应有水平和实际能力，也可以更好地提高课程与能力发展。

为了使对学生推理能力的评价具有科学性与全面性，对推理的过程与结果分别进行测量，以推理的有效性测量学生推理的结果，以推理的合理性测量学生推理的过程。对合理性做评估是建立在质的评估基础上的，是我们确定接受还是拒绝某一推理的依据，也能从一个侧面反映我们评判性思维能力的强弱（黄伟力，2013）。数学推理与形式逻辑中的推理有差别，数学演绎推理占据重要地位，演绎推理更侧重推理的结果，而数学中的合情推理则可以考查学生对推理的理解和态度，比如统计推理，因此推理的合理性是对推理过程及态度的测量。对学生数学推理过程进行合理性评估，目的是考查在合情推理过程中，从学生对推理前提的理解开始经过独立思考至得出结论的过程是否符合逻辑，包括条理性、灵活性、创造性，而不以推理结果作为唯一评价因素。

推理的结果只是推理整个过程的一部分，对于推理能力的评估应全面。推理能力的全面评估在教育研究中尤为明显，斯滕伯格（1999）从不同角度全面对推理能力培养所需的要素进行分析，从解决问题开始，包括理解问题，依据经验建立正确的相关联系。由于演绎推理是必然性推理，要求在前提真的条件下必然推出真的结论，不允许出现前提真而结论假的情况。必然性推理中，有些推理的准则是必须遵守的，有些推理形式是必须运用的。因此，在评价过程中，首先强调对概念的理解掌握情况。只有在透彻理解问题，联系相关概念的基础上，才能通过经验建立已知与未知的联系，积极正确进行判断、采用合理的推理形式。在评价过程中，要确保在推理过程中从前提真到结论真的传递性，必须采用合理的推理规则和推理形式，如归纳推理就是对未知概率进行推断，可以推断的基础是不确定事件的可重复性，称其为自然齐一性原理（史宁中，2015）。同时，还要对是否对推理的结果进行实验及验证进行评价，如归纳推理虽是来源于经验的推理，也必须通过经验的检验，在归纳推理中使用最大可能性原则，是将经验用以科学进行检验的最佳方法。最后，推理过程还应包括反思。对推理结论有效性的评估中，前提的真实性，结论的真实性，如果出现问题需要逻辑调整；而对于合理性的评估，更需要明确对推理结论所持有的接受程度，根据实际情况进行判断。

5.1.2 公安院校大学生数学推理能力水平的研究方法

对公安院校大学生推理能力现状进行调查，除了想知道公安院校大学生推理能力的基本情况，更主要是想了解公安院校设立高等数学课程与推理能力培养之间的关系。逻辑思维作为数学课程培养学生的三大基本能力之一，也是核心能力。高等数学是大学生，尤其是理工科大学生重要的基础课，培养学生良好的逻辑思维推理能力是课程的重要目标。公安院校有其特殊性，高等数学课程的设置与目标也有其特殊性。用瑞文推理测验对公安院校大学生推理能力进行测验，从量化的角度衡量公安院校大学生推理水平，了解推理能力的现状，作为对推理能力评估的一个参考。

学生虽然作出了正确的选择，但思维的过程可能是错误的。瑞文推理测验只体现出推理的结果，体现推理的有效性。但对于课程与能力培养之间的关系，更重要的是了解学生推理的过程，对推理过程，尤其是对进行推理过程中的合理性的研究，这种合理性更能体现学生的推理能力。因此，只对推理的准确性进行测量是不够的。对学生数学推理能力水平的评估，还涉及思维方式、学习方法、推理习惯、对课程及推理的理解等多方面，而对此的了解，则需要进行一定的调查研究，其中最简单直接的方法就是问卷调查和访谈。课程的目标是培养能力，学生能力培养的水平在一定程度反映出课程的现状。公安院校大学生的数学推理能力水平反映了高等数学课程在推理培养方面的实施效果，因此，对大学生数学推理能力的评价也是在对促进推理能力发展的多种要素及其之间关系综合分析的基础上进行评价，这样才能用来评估某些有针对性的特定能力培养目标实施效果，以及这种能力培养在课程中进行的教学设计的效果，以更好地对课程及课程的能力目标在教学中进行反思。

综合以上，在对公安院校大学生推理能力调查中，采用测验与问卷、访谈相结合的方式，从学生、教师、课程三个角度进行全面、客观的了解，对公安院校大学生数学推理能力水平的整体情况进行研究。

5.2 公安院校大学生数学推理能力水平的测验

更深入了解学生真实的思维活动是数学教育研究和发展所面临的最为重要的挑战（郑毓信，1998）。想要更深入地了解学生的思维活动，就涉及两个基本核心的问题：学生推理能力的测量与评价。相对于操作性的技术的测验，对于思维的测量和评价显然更有难度，人的思维很难通过肉眼进行区分和判断。作为思维的重要组成部分，对推理能力的测量难处在于，它既可以看作思维的过程，也可以看作这个过程的结果，或者二者都是（Lithner，2000）。这个过程即思维的过程，这个过程包括对概念的过程、判断的过程及在此基础上进行推理的过程，三个过程相互独立的同时也相互联系，均对思维最终形成的结论有重要影响；而思维的结果是对作出的判断或得出的结论的有效性和准确性进行讨论。

对于推理能力的测验，根据逻辑思维的不同阶段与内容，整体上可以分为五大类：第一，准确理解、清晰表达信息的能力，包括澄清概念的能力、恰当定义的能力及正确判断的能力；第二，推理构建能力，分为归纳推理能力、类比推理能力及演绎推理能力；第三，推理评价能力，包括推理是否有效的评价能力、加强或者支持一个推理的能力、削弱或者反驳一个推理的能力；第四，合理论证的能力，包括论证结构分析能力、掌握各种论证方法的能力、对一个论证的辩护和驳斥的能力；第五，辨识谬误的能力，包括对各种语义谬误的辨识能力、对各种语形谬误的辨识能力、对各种语用谬误的辨识能力、对各种形式谬误的辨识能力、对各种非形式谬误的辨识能力（杜国平，2009）。我们国家对逻辑思维能力的测验并不少见，在国家公务员考试、全国硕士研究生入学统一考试管理类专业学位联考综合能力考试以及各类人才招聘考试中，均有相关能力的测验，而且占有一定比重。其中，测验的形式主要有语言型、数学型和图画型，语言型的测验更强调对文字概念理解的过程及判断的过程，而数学型则强调通过寻找数字规律进行推理。数学型和图画型出现在数学测验题目中，用来考查被测验者的数学推理能力。在以往对学生数学思维及数学推理的已有测验中，尤其是对大学生群体数学思维的考查，还经常用到数学测验试题，从对数学知识，尤其是数学概念的掌握情况去了解数学思维的发展。例如，《理工科大一学生高等数学思维的研究》《一元微积分概念教学的设计研究》《基于高职学生职业发展的数学知识技能与相关信息技术研究》中，都是通过对所学数学知识的考查来衡量学生的数学能力。数学知识的理解与应用是衡量数学推理能力的最佳方法之一，但有些时候当抽象的知识不能被直接运用时，人们会依据样例进行归类学习，而不是企图形成抽象概念，这导致对于数学，尤其是高等数学这种知识逻辑性强并抽象难理解的知识，推理会有很大一部分建立在对特殊样例记忆的基础上（唐雪峰，2000）。这时候，以数学知识为主的数学型的测验结果更近似于对于数学知识记忆能力、模仿能力的考查，而不是通过数学课程的学习所培养的推理能力。本书的主要内容是数学课程与推理能力培养，目的是调查公安院校大学生推理能力的现状，讨论数学课程与推理能力之间的关系。在研究中，不仅要纵向比较不同年龄、不同专业学生之间数学推理能力的差异，也要进行横向比较，不同地区、不同院校同年龄的学生之间的区别。为了更好地进行对比，更直接考查学生数学推理能力，抛开言语分析这种和数学能力没有直接、必然联系的能力，数学型和图画型测验被公认为是对数学推理能力测验比较恰当的选择。不同公安院校的高等数学课程的学习内容、学习时间、学习目标不同，高等数学试题测验的方法并不能满足测验要求，而图形材料可以避免知识经验对测验结果的影响，使测验的结果更加客观公正且具有比较意义。同时，通过不同图形特征的组合可以控制同一个测验要素的区分度，通过不同图形材料之间逻辑关系的复杂程度来控制测验的难度，使得多项目组合测验能够细微深入地反映个体思维过程及差异，测验结果能够细致地分析认知推理过程。

为了便于在数学课程与推理能力培养关系基础上对推理能力进行测验与比较，本书以瑞文推理测验作为测验工具。

5.2.1 瑞文推理测验

瑞文推理测验是评估个体认知加工能力的有效工具之一，智力是认知加工的过程，推理是智力的组成部分，瑞文推理测验被看作大规模筛查或智力初步分等的理想工具（孙长华，1994）。瑞文推理测验的开发主要基于斯皮尔曼（Spearman）的智力二因素理论中一般因素，该因素中包括再生性能力和推断性能力，其中再生性能力是指一个人当前所具备的回忆已获得信息并进行言语交流的能力，它表明一个人通过接受教育达到的水平；而推断性能力是指一个人作出理性判断的能力，是一个人智能活动的能量，对于适应社会生活有重要意义（张厚粲，1989）。除此之外，瑞文推理测验也被认为是反映被测验者流体智力的评估工具，流体智力是人类生来就具有的基本智力活动的能力，是一种和学习及解决问题相关的能力，不受社会文化及社会经验的影响。瑞文推理测验共有三种类型，分别是瑞文测验联合型、瑞文标准推理测验型及瑞文高级推理测验三种类型，其中以瑞文标准推理测验型使用最为广泛，并且 1985 年我国对其进行修订。同时在瑞文标准推理测验限时施测研究中发现，限时测验更有利于对被测验者的能力作出精确的区分与度量（阎巩固，1994）。

5.2.2 公安院校大学生瑞文标准推理测验结果

基于上述理论及研究，本书采用瑞文标准推理测验限时调查。瑞文标准推理测验共分 A、B、C、D、E 五组题目，分别为知觉辨别能力、类同比较能力、比较推理能力、系列关系能力及抽象推理能力，题目按难度递增的顺序进行排列，并且每组的难度逐渐增加。每组共有 12 个题目，整个测验共计 60 个题目。

本次测验完成时间为 4 个月。测验对象为全国四所公安院校，其中北京 2 所、辽宁 1 所、湖北 1 所。四所院校均为本科院校，其中一所部属院校在全国范围内招生，在全国公安院校综合排名第一；其余三所为省（市）属院校，为地区招生，在全国公安院校综合排名为中上水平。其中，部属院校每年招收学员超过 2000 人，其余三所院校中，辽宁院校及湖北院校每年招收学员超过 1000 人，北京院校每年招收学员 600 人，其中男女比例为 9∶1。四所院校均为提前录取批次，参与测验的学生为大一、大二、大三学生，年龄 18～20 岁，各校参与测验的学生年龄与受教育情况相同。在四所公安院校共发放瑞文标准推理测验卷 510 份，其中工科 330 人，文科 180 人，共有 12 份试卷作废，测验时间为 30 分钟。其中，工科学生从高中分文理科开始就是理科学生，在大学期间学习高等数学课程；文科学生从高中分文理科开始就是文科生，在大学期间不学习高等数学课程。因为测验结果涉及高考数学成绩及学生的能力水平，具有一定的隐私性，故隐去学校信息而将四所学校分别编号为 1、2、3、4，学校有效测验人数分别为 130 人、153 人、153 人及 62 人。

测验以团体纸笔的方式进行，采用统一指导语，对学生的要求是：带笔，不准携带通信设备，在测验过程中认真作答，不能相互交流、抄袭。个人测验完成即可将答题纸及试卷上交，规定时间结束所有人必须上交测验卷。在测验过程中，对时间有严格限制，在前期的限时研究中，以 40 分钟为限度的测验较多，主要是为了让全体参与测验人员都能顺利完成测验。本次测验限定 30 分钟，进一步增加测验难度，除考查学生单位时间的能力水平外，更主要是为了使学生集中注意力，提高测验效果。从测验用时来看，不同院校学生具体情况相差不多，最快完成时间为 20 分钟，多半学生在 25 分钟左右的时间顺利完成全部测验，只有个别同学在规定时间内没有完成测验。由于公安院校女生较少，无法对测验进行性别比较，但女生平均用时为 20 分钟，比男生用时平均值小。

（1）瑞文标准推理测验结果的基本情况。

四所学校分别标号为 1、2、3、4，在瑞文标准推理测验中每项的平均成绩情况如表 5.1 所示。

表 5.1 瑞文标准推理测验每项平均成绩

学校	题目									
	A		B		C		D		E	
	平均成绩	标准差	平均成绩	标准差	平均成绩	标准差	平均成绩	标准差	平均成绩	标准差
1	11.59	0.72	11.53	0.79	11.20	1.51	10.59	1.29	9.53	2.40
2	11.82	0.48	11.55	0.80	10.99	1.11	10.50	1.43	9.17	2.48
3	11.50	0.93	11.27	1.09	10.39	1.36	10.01	1.49	7.88	2.49
4	11.76	0.53	11.66	0.57	10.71	2.04	10.34	1.58	8.95	2.11

从测验的结果来看，四所公安院校测验结果总体情况相差不多，每组题目的得分率大致相同，而且得分率较高；测验结果的标准差数值较小。测验各组间的成绩也相差不多，各个学校学生测验结果的总体水平大致相同，说明我国公安院校大学生普遍具有较高的推理能力。其中，前四组的得分率均超过80%，第五组的得分率超过75%。第五组有关抽象推理能力的测验题目最难，平均成绩较前四组的成绩有所降低，得分率最低。

同时，学校与学校之间的测验结果没有明显差异，并表现出一定的共性，A组、B组题目的得分近似，C组、D组题目的得分近似，A、B、C、D、E五组的成绩依次降低。四所学校按前文1、2、3、4顺序的平均成绩分别是54.44、54.03、51.05和53.42，标准差分别是3.90、3.05、6.26和4.87。学校1除了与学校2成绩无显著性差异外，与其他两所院校在测验结果中存在显著性差异。学校3总成绩最低，且每组试题测验成绩均为最低。学校1总成绩最高，难度较高的第四组、第五组测验成绩也最高。总体来说，根据四所测验院校学生的瑞文标准测验结果，四所院校的学生在智力水平、数学能力及推理能力方面有一定的差异。

（2）瑞文标准推理测验结果与高考数学成绩的关系。

在测验的同时，对学生的高考数学成绩进行调查，试图了解瑞文推理测验结果与数学成绩的相关性。推理能力是衡量智力水平的重要因素，数学课程被认为是提高智力水平的重要学科，推理是数学能力的核心要素，因此逻辑上认为，数学与瑞文推理测验具有一定的联系,并已在以往的研究中得到证实。由于部属院校是全国招生,考生来自不同的考区,考虑到全国各省高考数学试卷不同,高考数学成绩有一定的差异,因此比较结果并无太大意义。同时,一所省属院校高考数学不分文理,因此在本次调查中,对三所省(市)属院校其中两所进行调查。为了将测验结果对应的能力进行区分,同时也为了将密集的成绩分散以便于更好地观察,将两所学校学生的瑞文测验结果按瑞文标准推理测验分数与百分等级换算表换算,作为横坐标,将相对应的高考数学成绩作为纵坐标,绘制散点图。其中,学校1对74个大学一年级工科学生进行调查,学校2对70个文科学生进行调查,结果如图5.1、图5.2所示(为成绩分散便于直观,已将成绩对应百分制)。

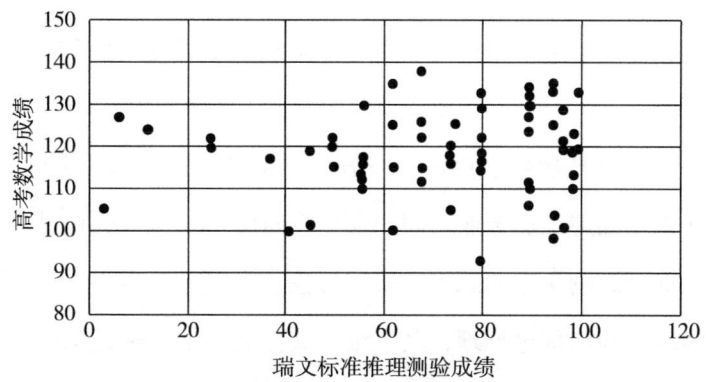

图 5.1 学校 1 瑞文标准推理测验成绩与高考数学成绩散点

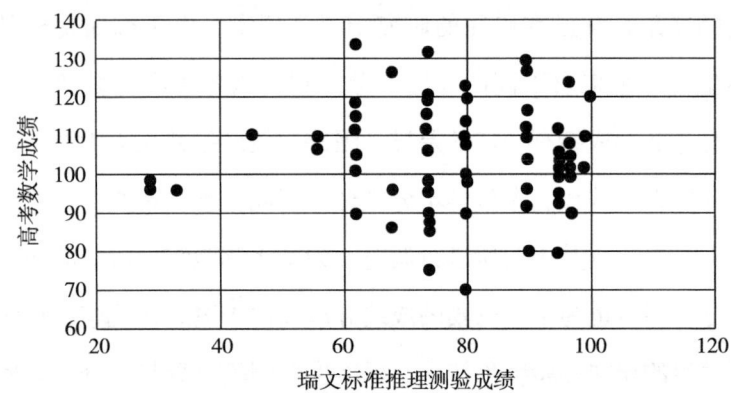

图 5.2　学校 2 瑞文标准推理测验成绩与高考数学成绩散点图

从散点图可以看出，瑞文测验结果与文科、理科学生的数学成绩都没有明确的相关关系，这与之前针对初中生的学业成绩与瑞文测验结果有中等程度相关，尤其是与几何、代数等抽象推理能力有更高程度相关的研究有所不同。

（3）公安院校工科与文科大学生瑞文标准推理测验的测验结果。

自然学科与社会学科在学习方法、思维方式上有一定的差异，导致文史类和理工类专业不同的课程在对学生培养及教育过程中的差异，这会影响学生的思维方式、方法。自然科学主要进行定量分析、客观实验和理论推理，其思维方式主要是抽象理论思维；人文科学则主要进行定性研究和经验、思辨的分析评价，其思维方式主要是形象经验思维。因此，自然科学思维方法的主要特征是"抽象"，人文社会科学思维方法的主要特征是"形象"，前者从普遍概念出发，采用严密的逻辑推理，以获取抽象的结论；后者则根据个别、具体事物,运用想象和联想,达到情感和理智的高度和谐统一的把握(王萍涛,1999)。在教育与学习中,理工科的学生获得更好的"抽象"思维,文史科的学生获得更好的"形象"思维。在已有的逻辑思维测量中,理科学生、工科学生、文科学生间有明显差异,表现为测验成绩依次减少,理科学生测验成绩最好,文科学生测验成绩最低(罗杞秀,1988)。公安院校的工科学生在大学中,除了学习数学课程以外,还有物理、化学等相关课程,培养学生良好的理性思维与推理能力。

本次测验中,选取三所学校,对工科和文科学生瑞文推理测验成绩进行比较,比较的结果如表 5.2 ~ 表 5.7 所示。

表 5.2 学校 1 工科与文科瑞文标准推理测验成绩描述统计结果

组	观测数	求和	平均	方差
工科	80	4 289	53.612 5	19.784 65
文科	74	3 932	53.135 14	27.926 69

表 5.3 学校 1 工科与文科瑞文标准推理测验成绩单因素方差分析结果

差异源	SS	df	MS	F	P-value	F crit
组间	8.759 955	1	8.759 955	0.369 697	0.544 077	3.903 366
组内	3 601.636	152	23.694 97			
总计	3 610.396	153				

表5.4　学校2工科与文科瑞文标准推理测验成绩描述统计结果

组	观测数	求和	平均	方差
文科	30	1 594	53.133 33	19.567 82
工科	32	1 718	53.687 5	28.157 26

表5.5　学校2工科与文科瑞文标准推理测验成绩单因素方差分析结果

差异源	SS	df	MS	F	P-value	F crit
组间	4.755 108	1	4.755 108	0.198 082	0.657 875	4.001 191
组内	1 440.342	60	24.005 69			
总计	1 445.097	61				

表5.6　学校3工科与文科瑞文标准推理测验成绩描述统计结果

组	观测数	求和	平均	方差
工科	39	1 998	51.230 77	25.655 87
文科	36	1 798	49.944 44	54.053 97

表5.7　学校3工科与文科瑞文标准推理测验成绩单因素方差分析结果

差异源	SS	df	MS	F	P-value	F crit
组间	30.974 7	1	30.974 7	0.788 734	0.377 4	3.972 038
组内	2 866.812	73	39.271 4			
总计	2 897.787	74				

从表5.2～表5.7可以看出，三所院校P-value>0.05，工科学生与文科学生的测验结果均没有显著性差异。在测验中，进行工科与文科比较的学生是同一年级，受教育的时间、程度相同，但是三

所学校工科学生的测验平均成绩均比文科略高。

（4）公安院校大学生瑞文标准推理测验结果的效度与信度。

效度指研究的有效程度，它是实际测量过程中所得到的结果能够反映希望测量事物的程度，是对测量工具或测量手段准确性与有效性的评判。瑞文标准推理测验进入我国已有30多年，教育学、心理学研究者为测验的修订进行了大量的研究。在智力测验中，尤其是针对推理能力的测验，瑞文标准推理测验有良好的效果，是大规模进行智力分等或人才选拔的有效工具。在前期的测验和研究中，测验对智力及推理能力的测量有良好的效度。

信度是测验结果的可信程度，用测验的一致性、稳定性及可靠性进行衡量。在本书中，用折半信度法进行检验。从测验样本中随机抽取50份样本，用奇偶分半的内在一致性系数进行估计。统计结果显示，两组数据的相关系数为0.80，说明有良好的信度。

（5）公安院校大学生瑞文标准推理测验结果与全国常模的比较。

瑞文标准推理测验在我国的使用比较广泛，对儿童、中小学生、老年人，以及运动员、军警都有研究，但对大学生的研究比较少。1989年，瑞文标准推理测验在我国确定常模，在不限时测验中，20岁测验结果的平均数为48.85，标准差为8.34，而在限时测验中（以20分钟为准），平均数为37.28。在此研究中，与其他国家常模比较，没有16岁及以上年龄的比较结果。与常模相比，本次公安院校大学生测验的平均成绩为53.21，标准差为5.13。由于本次测验中，限时 30 分钟，较不限时测验的难度有所提高，所以测验的结果优于常模，但无法与限时 20 分钟相比较。我国瑞文标准推理测验的常模是 30 年前制定的，制定时间比较早，似乎已经不适合当前青年人的智力水平，因此必须对常模或评分标准进行重新界定。另外，瑞文测验由于曝光率过高，因此直接将瑞文测验用于一些正式的选拔测验中，会引起文化不公平的情况发生（肖玮，2006）。随着教育和社会的发展，学生的智力水平得到了更充分的发展，因此瑞文标准推理测验常模对本研究有一定的局限。

5.2.3 公安院校大学生的瑞文高级推理测验

瑞文标准推理测验虽然在一定程度上反映了不同学校、不同学生在推理水平上的差异性，但是除了 D 组、E 组测验题目外，其他三组测验题目的测验结果差异性并不明显。为了增强能力水平的区分程度，让测验效果更显著，在瑞文标准推理测验的基础上，笔者又进行了瑞文高级推理测验的测验。瑞文高级推理测验和瑞文标准推理测验的编制原理、测验内容及测验方法类似，但瑞文高级推理测验比瑞文标准推理测验难度更大，适用于具有较高智力水平的高级人才，通常与瑞文标准推理测验联合使用，用于对瑞文标准推理测验得分在 55 分以上的高智商人才智力水平的进一步区分。因此，瑞文高级推理测验通常用于测验接受过高等教育的大学生及以上学历的被试者。

瑞文高级推理测验是由图形推理项目构成，共有 36 道题目，每个题目都是由 3 乘 3 的图形单元组成，每个图形单元又是由多个图形元素（如几何图像、线条或图案背景等图形元素）组成。被试者通过观察对比构成大图形中各小图块单元的变化规律，如数量、方向，从 8 个选项中选出适合填充到大图形中的小图块单元，以此来考查测量被试者在渐进关系（单维度渐进关系和图形组合关系）、组合关系（组合关系和整合关系）、合取关系（二维度及三维度组合关系）等认知加工领域的差异性。瑞文高级推理测验经历了在世界范围内的大量测验，一直作为智力测验及推理能力检验的优选。从具体题目上说，题目检测的类型充分，全面考查逻辑的不同维度。题目难易得当，可以体现学生的差异性。

瑞文高级推理测验的难度体现在两方面：一是图形的视觉复杂程度，或者说是构成图形的元素数量的差异；二是加减关系的组合（邱琴，2012）。在瑞文高级推理测验对能力测量方面，卡朋特（Carpenter）等发现大学生在瑞文高级推理测验上的表现主要取决于其在工作记忆中生成规则和目标监控的能力，其认为视觉空间成分对问题解决中的个体差异影响很小，并提出五种不同的规则来解释瑞文高级推理测验的问题解决行为（范士青，2016）。这五种规则分别是：行或列不变规则、数量成对变化规则、图形加减规则、三值分布规则及二值分布规则。解决的思维方式和方法包含这五种规则中的一条或多条，但在处理及解决每一个任务过程中，具体用到的规则类型及规则数会影响个体对其中所涉及对应关系的发现、处理的难度及管理目标的难度（Carpenter，1990）。在瑞文高级推理测验中，对认知能力的评估包括三个方面，即抽象对应关系的发现、目标管理及结果的获得。其中，抽象对应关系的发现是从所给图形中找出图形元素间存在的关系，与抽象推理能力相关；目标管理指在任务解决过程中维持目标自我管控的能力，它受工作记忆的影响，也取决于具体问题涉及的规则个数；而最终结果的获得则由思维的全过程所决定，包括在得出结论中所用到的具体方法，覆盖、融合与变形（林峰，2008）。

（1）公安院校大学生瑞文高级推理测验结果。

①瑞文高级推理测验结果的基本情况。

由于在瑞文标准推理测验中学生均收获了良好的测验效果和成绩，因此本次测验在湖北和北京两所院校参与过瑞文标准测验的学生中采取自愿报名的形式进行瑞文高级推理测验，共有360名学生参加，收回有效测验322份。为了测验能顺利高效地进行，本次测验限定时间为40分钟。以团体纸笔测验的方式，采用统一的指导语，测验的整体效果良好。测验结束即可上交试卷，测验时间结束必须全部将试卷上交。

根据学校、专业、年级的不同，本次测验共分9组进行。其中学校A共参与测验3组，分别为2016级工科专业、2015级工科专业、2015级文科专业；学校B共参与测验6组，分别为2014级文科专业，2015级两个文科专业、两个工科专业，2016级理科专业。对于测验题目，答对1题得1分，答错1题得0分，总分36分。平均成绩为24.39分。在不同小组中，平均分最高为学校B 2015级工科学生，26.2 分；平均分最低为学校 A 2015 级文科学生，22.18 分。测验个体中，最高分为 33 分，最低分为 13 分，测验结果如表 5.8 所示。

表 5.8 瑞文高级推理测验平均成绩

	学校 A			学校 B					
	2016级工科生	2015级文科生	2015级工科生	2014级工科生	2015级工科生	2015级文科生	2015级工科生	2015级工科生	2016级工科生
平均分	24.21	22.18	23.90	25.32	25.45	24.45	23.91	26.2	23.88
人数	38	40	39	37	40	31	33	30	34
方差	3.59	3.98	4.12	4.77	3.08	3.16	3.96	3.27	2.46

从测验的结果来看，9 组测验结果中最高分与最低分相差约 4 分，学校 A 与学校 B 两组测验结果经单因素方差分析呈显著性差异。学校 A 的总平均分为 23.43，学校 B 的总平均分约为 24.87，相差 1.44 分，两所学校瑞文高级推理测验结果差异性较小。

②瑞文高级推理测验结果与高考数学成绩的关系。

在本次调查中，从两所学校中随机抽取三个班级对瑞文高级推理测验结果与高考数学成绩进行调查，学校 A 选取 2015 级工科班 38 人，学校 B 选取 15 级工科班 34 人、文科班 31 人（数学考试相同，数学成绩确定、准确）。将两所学校学生的瑞文高级推理测验结果作为横坐标，将相对应的高考成绩作为纵坐标，绘制散点图，结果如图 5.3、图 5.4、图 5.5 所示。

从散点图可以看出，瑞文高级测验结果与两所学校文、理学生的高考数学成绩都没有明确的相关关系。

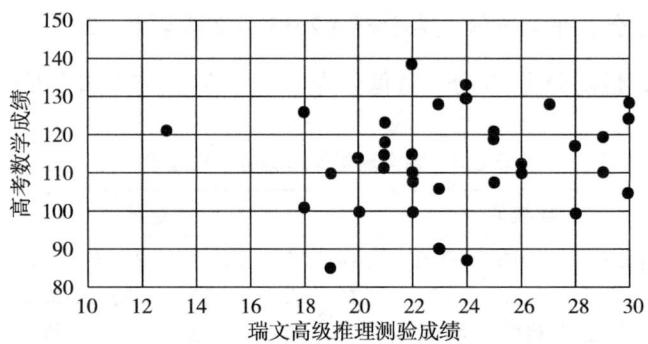

图 5.3 学校 A 2015 级工科瑞文高级推理测验成绩与高考数学成绩散点图

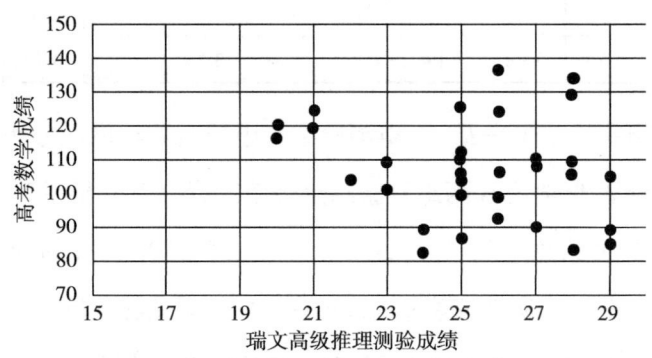

图 5.4 学校 B 2015 级工科瑞文高级推理测验成绩与高考数学成绩散点图

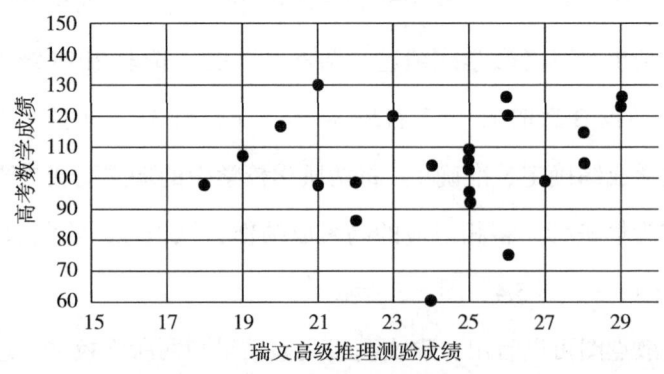

图 5.5 学校 B 2015 级文科瑞文高级推理测验成绩与高考数学成绩散点图

③公安院校工科与文科大学生瑞文高级推理测验的结果。

本次测验中,对两所院校的工科和文科大学生的瑞文高级推理测验成绩进行比较(高中与大学均为文科或理工科)。学校 A 2015 级文科平均成绩为 22.18,2015 级工科成绩为 23.90,2016 级工科成绩为 24.21;学校 B 2015 级工科平均成绩为 25.45,文科平均成绩为 24.45。比较的结果如表 5.9 ~ 表 5.12 所示。

表 5.9 学校 A 工科与文科瑞文高级推理测验成绩描述统计结果

组	观测数	求和	平均	方差
文科	40	887	22.175	15.840 38
工科	39	932	23.897 44	16.936 57

表 5.10 学校 A 工科与文科瑞文高级推理测验成绩单因素方差分析结果

差异源	SS	df	MS	F	P-value	F crit
组间	58.584 62	1	58.584 62	3.576 298	0.062 371	3.965 094
组内	1 261.365	77	16.381 36			
总计	1 319.949	78				

表 5.11 学校 B 工科与文科瑞文高级推理测验成绩描述统计结果

组	观测数	求和	平均	方差
工科	40	1 018	25.45	9.484 615
文科	31	758	24.451 61	9.989 247

表 5.12　学校 B 工科与文科瑞文高级推理测验成绩单因素方差分析结果

差异源	SS	df	MS	F	P-value	F crit
组间	17.408 5	1	17.408 5	1.793 947	0.184 841	3.979 807
组内	669.577 4	69	9.704 021			
总计	686.985 9	70				

从表 5.9～表 5.12 可以看出，两所院校 P-value＞0.05，工科学生与文科学生在测验结果均没有显著性差异。测验中，进行工科与文科比较的学生是同一年级，受教育的时间、程度相同，但是三所学校工科学生的测验平均成绩均比文科略高。

④瑞文高级推理测验的效度与信度。

经过多次论证，从测验的效度上说，瑞文高级推理测验题目对推理能力及智力能力的检测效果整体质量较好，对多维能力空间及测验的主维度与其在各维度的整体区分度较好，测验题目由易到难，难度适中（涂冬波，2011）。从测验的信度上说，在本研究中用折半信度法进行检验。从测验样本中随机抽取 30 份，用奇偶分半的内在一致性系数进行估计。本次测验的统计结果显示，两组数据的相关系数为 0.530。在以往的测验中，南昌几所高校使用非限时瑞文高级推理测验，信度的相关系数为 0.859，其中最高分 31 分，最低分 2 分，平均分 23.1 分（刘铁川，2016）。南昌测验平均成绩低于本次测验平均分，对本次限时测验具有一定的参考作用。瑞文高级推理测验题目可分为三组，每组 12 题，其中第一组试题考查单维度渐进关系和图形组合关系，第二组试题考查组合关系和不同关系的整合，第三组试题考查合取关系，测验难度从前至后依次增大，其中第三组试题难度最大，由于本次测验是限时测验，学生可能会受到时间限制的影响。一部分学生在限时期间内并没有完成测验，一部分学生在测验后期挑选相对简单题目完成，可能对信度产生影响。取本次测验前24个题目，奇偶分半两组数据的相关系数是0.81，前30个题目奇偶分半两组数据的相关系数是0.75。

（2）与其他测验结果的比较。

虽然在以往的测验中发现瑞文推理测验的结果与被测者的数学成绩显著相关，但瑞文推理测验只是单一的图形推理，瑞文标准推理测验和瑞文高级推理测验具有一定的同质性。为此，进行补充测验，选用国家公务员测验题目中定义判断、类比推理、逻辑判断共20题，其中逻辑判断7题、类比推理7题、定义判断6题，每题5分，共计100分。选择某院校2018级一个工科班级、一个文科班级进行测验，共发放试卷80份，回收有效试卷76份，按公务员考试时间135题120分钟，本次测验限时20分钟，结果如表5.13、表5.14所示。本次测验是从公务员考试逻辑推理部分选择的真题，对于逻辑推理能力的考查具有良好的效度；用奇偶分半两组数据的相关系数是0.975，具有良好的信度。

表5.13 工科与文科学生公务员逻辑推理测验成绩描述统计结果

组	观测数	求和	平均	方差
工科	38	2 310	60.789 47	166.927 5
文科	38	2 345	61.710 53	186.859 9

表 5.14 工科与文科学生公务员逻辑推理测验成绩单因素方差分析结果

差异源	SS	df	MS	F	P-value	F crit
组间	16.118 42	1	16.118 42	0.091 119	0.763 606	3.970 23
组内	13 090.13	74	176.893 7			
总计	13 106.25	75				

测验结果如表 5.13、表 5.14 所示，工科班级平均成绩约为 60.79 分，文科班级平均成绩约为 61.71 分。文科班测验成绩与工科班测验成绩并没有显著性差异，文科班成绩比工科班成绩略高。

如图 5.6、图 5.7 所示，文科与工科学生的推理测验均与高考数学成绩不具相关性。同时，瑞文高级推理测验成绩与逻辑推理测验成绩的相关系数是 0.4，是弱相关。

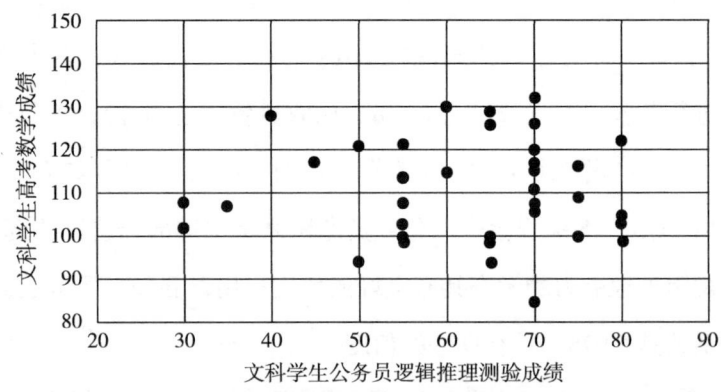

图 5.6 文科学生公务员逻辑推理测验成绩与高考数学成绩散点图

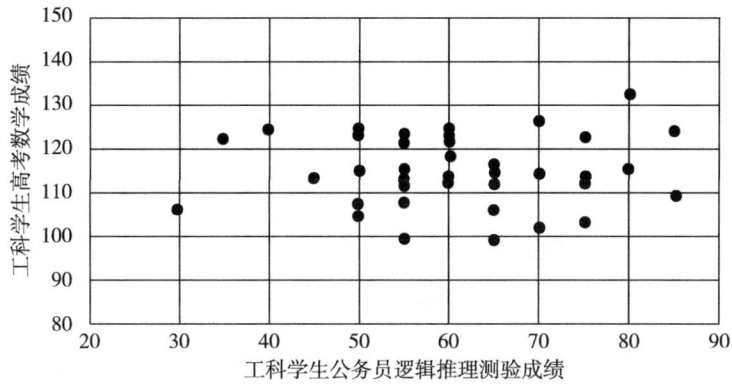

图 5.7 工科学生公务员逻辑推理测验成绩与高考数学成绩散点图

5.2.4 公安院校大学生瑞文推理测验的结果与分析

（1）结果。

①本次测验达到了测验的目的并获得了良好的测验成绩。在进行测验的四所院校中，瑞文标准推理测验的平均成绩为 53.235，有两所院校的测验成绩超过 54 分，智力水平达到良好，另外两所达到中等水平。根据测验结果，公安院校大学生的瑞文标准推理能力测验结果与瑞文标准测验引入我国时的全国常模相比，成绩有明显提高。我国瑞文标准测验常模制定时间比较早，随着教育和社会的发展，学生的智力水平得到了更充分的发展，因此瑞文标准推理测验常模对本研究有一定的局限。在其他大学生或同龄测验中，张楠在 2008 年的硕士论文在瑞文标准推理测验引发的比较与思考——音乐专业与非音乐专业大学生智力差异性研究中，大一年级音乐专业测验的平均成绩是 52.85，标准差为 5.51，非音乐专业学生平

均成绩为 52.03，标准差为 5.97（张楠，2001）。在对山西省基层民警的瑞文标准推理测验中，平均数为 53.94，标准差为 4.54（徐玉明，2001）。从测验的结果上看，第一个测验结果略低于本研究结果，第二个测验年龄分组为 20~24 岁，测验结果稍优于本研究，但两个都不是限时测验，从难度上低于本测验，所以在数据对比中有一定的参考作用。瑞文高级推理测验平均成绩为 24.38 分。不同地区、不同公安院校的大学生，瑞文高级推理测验结果具有一定的差异性。由于本次是限时测验，提高了测验难度，无法直接与标准分进行换算，从整体上看，四所公安院校大学生都具备了中等以上水平的推理能力。

②从瑞文高级推理测验的结果发现，随着推理测验难度的增加，得分率降低。四所公安院校的学生在知觉辨别能力、类同比较能力、比较推理能力、系列关系能力及抽象推理能力测验中得分依次降低；在瑞文标准推理测验的结果中，前两组测验成绩较高，而第三组难度较大的合取关系主要考察 2 个以上，最多 3 个维度同时变化的合取关系，并且合取规则复杂。在规定测验时间内完成全部作答的学生中，随机抽取 22 人的瑞文高级推理测验成绩，其中最后 12 题的平均分为 4.2 分，得分率仅为 35%。同时，由于最后的题目难度增加，还有不到 5% 的学生在规定时间内未完成测验。公安院校大学生推理能力有待进一步提高。

③瑞文标准推理测验与瑞文高级推理测验的结果与数学高考成绩并不具相关性。工科和文科学生的瑞文标准推理测验与瑞文高级

推理测验也不具有显著性差异,但工科学生比文科学生的测验成绩略高。在公务员逻辑推理测验中,测验结果不具显著性差异。

④从性别差异角度,由于公安工作的特殊性,使得公安院校男女比例约为9:1,由于公安院校女生较少,无法对测验进行性别比较,但女生平均用时为20分钟,比男生用时平均值小。测验结果中,女生的平均成绩比男生高。在两所学校统计性别的瑞文标准推理测验结果,学校1女生平均成绩为56.71,高于男生的53.30;学校2女生平均成绩为57.75,高于男生的53.19。在瑞文高级推理测验中,其中一组女生平均成绩为30分高于男生的23.2分,另一组女生成绩为29.17分高于男生的21.70分。但受招生数量限制,女生招收数量少,因此女生高考成绩的平均成绩高于男生平均成绩。

(2)分析。

①公安院校大学生推理整体水平较高,但高级推理能力仍有待提高。从测验结果来看,公安院校大学生基本推理得分较高,但随着推理难度增加,得分呈负相关,主要原因是对推理能力的培养还停留在初级阶段。知觉辨别能力是抽象概括能力的基础,决定了认知的发展。知觉辨别能力依赖于人类的感官对形状、大小、方位等的感知,知觉辨别能力对推理能力发展的意义在于分类。数学对知觉辨别能力的发展以图形、数学符号为基础,通过观察、测量、发现等直观感受研究客体的基本特征,进而上升到想象,其中比较典型的是数学课程培养学生的空间想象能力。类同比较能力,比较是通过两种以上事物之间进行对比来确立被研究对象之间区别与联系

的方法。比较不通过直接了解事物，而是通过同类事物间的对照认识事物特征的一种方法。类同比较是不同对象中有相同属性进行比较的方法。类同推理属于合情推理，我国推理能力（尤其是合情推理能力培养）在教育教学中的地位不断提高。比较推理是在比较的基础上进行推理，系列关系能力则是建立联系，数学培养的就是数量和空间关系的比较与联系。因此，在接受高等教育之前，学生已具备较好的推理基础能力。抽象是从事物中抛开表面现象，探寻本质属性的思维过程。抽象的优势在于简化思维。数学是抽象的代表，用数量、图形描述现实世界各研究对象之间的关系。人们在进行推理之前对信息的收集和应用依赖于归纳的方法，但归纳法在实践中有其局限性，而抽象推理帮助人们通过从经验中总结出一般规律并简化经验，形成模式和方法，其中的核心部分是演绎推理。演绎推理是一种完全基于逻辑推出结论的过程，而我国对于演绎推理的培养在减弱，降低以演绎推理为主的几何题目的难度，突出几何与代数的联系，增加直观性。在工作记忆中生成的规则和对任务目标的监控能力将决定大学生在瑞文高级推理测验中的表现（范士青，2016）。推理在实现过程中需要即时抽取已知信息并根据需要随时进行处理以备分析、判断所用，即工作记忆，能够同时储存并进行信息加工。工作记忆的目的是为分析、判断提供信息支持，以进行选择和分类，对在信息加工过程中所需信息进行一定的处理，使之可与待解决的问题进行关联，通过思维的补充和发展最终解决问题。数学在归纳过程中需要经历三个过程：一是搜集认知所需的信息；二是构建可以进行判断、分类所需的规则、模式和系统；三是寻找相似性、差异性及整合建立起差异性与相似性所获得的信息得出结论。

②针对大学生推理能力发展的特点，对推理能力有针对性地培养。本次测验发现，公安院校大学生在抽象关系、合取关系等高级推理方面得分较低、能力较弱，说明公安院校还需针对大学生的思维特征进行推理能力培养。公安院校大学生高级推理能力较弱的主要原因是我国的数学逻辑推理研究关注初中和高中阶段最多，而关注小学和大学及大学以上阶段的较少，研究者认为逻辑推理能力发展存在"关键年龄"，如初中二年级和高中二年级，是推理能力实现"飞跃"和"质变"时期，平面几何与立体几何被认为是学生逻辑思维能力培养的最佳载体（王志玲，2018）。学生进入大学后，思维发展逐渐趋于成熟，因而开展数学逻辑推理的教学会相对容易。部分大学教师认为大学生在初等数学的学习中具备了必需的逻辑思维，所以在高等数学教学中更侧重方法与应用。与此相对的是，大学生认为高等数学课程抽象、难理解。以高等数学为例，它是运用静态的观点抽象出运动与变化，而打破在此之前单凭直观、运动研究某些变量问题的传统方法，极限的定义以其数学式的严格与准确成为抽象的典范（付夕联，2013）。高等数学逻辑思维分两大类：一类是进行逻辑推理的抽象思维，另一类是通过合情推理获得的形象思维（张玉峰，2014）。在大学数学学习中，随着推理任务不断复杂，在推理过程中需要应用的思维策略也越来越多，处

理信息与协调信息间的关系的任务也越来越丰富,对推理能力水平要求也越来越高,进一步加强推理能力的培养,不仅要获得正确的推理结果,还要在推理的过程中选择合理有效的策略,提高推理的效率。

③工科教学应加强思维训练,尤其是对逻辑思维与推理能力的训练。在本次测验中,学习数学与否、工科与文科之间的推理成绩不具相关性。工科是基于实践,是基于纯粹的基础理论进行应用的研究型学科,重视理论与逻辑的关系,以理性思维培养为主;而文科则是社会科学,注重感性思维的培养。传统对智力的认识,局限在数量、言语、逻辑等认知能力上,但随着智力理论的发展,对智力的认识呈现多元化,除了传统智力中的认知因素,还包含动机因素、情绪因素及个性因素等多方面能力的综合,而且各种能力间相互作用、相互影响,解决问题能力不是某一单一能力,更多的是一种综合能力。瑞文推理测验考查的是逻辑推理,对于工科的学生来说有一定的优势。但是,思维培养是教育的核心,逻辑推理能力对于分析问题、解决问题,以及创造力发展的重要性,使得我国的教育对逻辑思维培养高度重视,高中阶段推理能力培养是文科和理科都着力培养的核心能力。在高考中,在数学学科核心素养考查试题数量上,文理科并没有显著性差异。2014年《国务院关于深化考试招生制度改革的实施意见》中提出,高考数学考试在改革试点省市取消文理分科,文理科命题逐渐趋向统一化,而对于学生数学能力的培养也将更加统一化、科学化(李作滨,2018)。

④数学课堂应加大对推理能力的培养。本次测验发现,公安院校大学生的瑞文推理测验结果与数学成绩不具相关性,数学课程与推理能力培养关系不明显。

在已有研究中,心理学家对个体在智力的各个因素(智力结构)上体现的差异进行大量研究均发现学生的数学成绩与瑞文测验结果有一定的相关性。较高数学水平儿童的图形推理能力显著高于中等数学水平儿童和较低数学水平儿童,中等数学水平儿童的图形推理能力显著高于低数学水平儿童(沃建中,2003)。瑞文标准推理测验在我国修订过程中已有研究成果,北京市二所高中高三69名学生的瑞文标准推理测验成绩与他们高考的语文、数学成绩和总分相关(张厚粲,1989);瑞文标准推理测验与初中生的学业成绩有中度的相关,特别是对几何、代数等抽象推理能力为主的学科的相关性更高一些(翟洪昌,1999);小学三年级与初一年级学生的数学成绩与瑞文标准推理测验成绩呈显著正相关($p\text{-value}<0.01$)(谭乔元,2016)。

分析其中原因,主要有三方面。从课程来说,推理能力培养一直是我国数学课程培养的核心能力,对于数学运算素养、数学抽象及逻辑推理素养的培养贯穿整个数学学习过程。自1985年瑞文测验在我国修订以来,我国的学校教育快速发展,数学课程及推理能力培养发生巨大变化,由应试教育变为素质教育,数学教育更加侧重能力培养。当前,数学教育已经由以逻辑思维能力为核心的传统三大基础能力,逐渐转变为对数学综合能力的培养。根据2017版数学的新课标，将数学抽象、逻辑推理、数学建模、直观想象、数学运算、数据分析这六大素养的培养作为课程和教学目标。从高考来说，推理只是其中核心素养之一，数学高考测验也不再是单一能力测验，而是对学生数学综合能力的考查，尤其是学科的内在联系和知识的综合性。从近五年高考中数学题型及能力考查方面来看，我国的高考数学试题有一定的关联性和稳定性，对考试题目的信息汇总发现，逻辑推理考查的题目数量少于数学运算、直观想象等基础能力，考查侧重学生的基础知识、基本技能、基本思想、基本活动经验。从推理能力考察来说，对推理题目考查也侧重于基本能力，而研究证明在大多数推理相关的题目上，进行推理的思维策略使用的特点极为相似，不存在较大差异性（林崇德，1999）。因此，学生的瑞文推理测验结果与数学成绩的相关性可能会减弱。

大学生在参加瑞文推理题目测验的加工过程一致，没有个体差异，而个体差异主要表现在推断抽象关系的能力和在工作记忆中动态地管理大量问题解决目标的能力。在面对图形推理这种复杂问题时，个体一定会在大脑中进行十分复杂的认知操作（沃建中，2003）。我国教育者普遍认为在初、高中阶段，智力处于快速发展期，教育对智力发展的作用更明显，智力与抽象思维的相关性较高，因此应该重点培养，但是到了大学阶段，学生的智力与非智力因素的发展都到了相对成熟的阶段，综合智力水平得到发展，智力与抽象思维的关系慢慢削弱，工科教育过程中对推理能力的培养减弱了。

参与本次测验的公安院校大学生，个体在智力因素发展成熟后进入一个相对稳定期，具有相同受教育经历的个体之间智力的差别不明显。由于测验过程中测验对象在同一所学校，测验又以班级为单位，学生情况比较近似，能力间的差异性不明显；从公安院校的整体上来说，同质性较强，可能数据的差异性不明显。

5.3 公安院校大学生数学推理能力水平的问卷

5.3.1 公安院校大学生数学推理能力水平问卷的设计

直接从推理的结果对推理能力特点进行评估是可操作的，瑞文推理测验就是测量公安院校大学生推理的结果，但也有其不足。要想了解公安院校大学生数学推理能力水平的具体特征，还需要了解推理的过程。因为推理过程是内隐性的，无法从推理的结果中具体地评估推理的过程，如推理的效率、方法，而这些都是个性的、特性的。

为了更好地对公安院校大学生推理能力水平的实际情况（尤其是过程情况）进行调查，采用问卷调查的方法对公安院校大学生推理能力进行进一步的测量。已有的问卷或访谈对思维的测量，主要是从思维倾向和思维技能两个角度进行评价。其中，思维技能指通过学习、训练能够形成的稳定的行为方式，而思维倾向指个人特定的偏好和风格。在已有的相关测验中，运用比较广泛的主要包括罗斯高阶认知过程测验工具，包括 7 大部分 105 道试题，涵盖了类推、演绎推理、抽象关系、综合排序、提问策略、相关与不相关信息的分析、属性分析等内容（汪茂华，2018）。同时还有李克特量表，主要测量思维、信念和决策，其中对高等数学学科的认知主要包含6个要素，数学是一个智力游戏，为了解决数学问题要不断练习，提供例子来说明教师的讲课，有助于解决其他的学科问题，记忆并领会数学思想，作业中利用典型题目模型（曹荣荣，2011）。为本次测验的需要，借鉴已有的思维能力测量的调查问卷（李克特量表、恩尼斯批判性思维测验中关于推断能力表现部分的框架），结合大学生推理能力特点及评估相关理论，经过三位专家［分别是1位公安学教授、1位公安逻辑学教授（专业为哲学）、1位公安院校数学课程教授］的指导、修订，确定调查的要素，并重新设立了选项及选项的顺序，以确保问卷的效度。

最终，确立本次调查问卷主要从公安院校大学生数学推理的思维基础、推理的形式、推理的信念及教师作用四个方面进行。思维方式不仅能体现个体的能力水平，也体现了个体使用思维技能的意愿。在高等数学课程实际学习中，对概念掌握的方法和情况，会对思维方式及思维发展产生重要影响。思维方式和推理形式之间存在密切关系，思维方式决定推理形式，推理形式反作用思维方式，促进思维发展，二者相互制约相互促进。对公安院校大学生推理类型的选择、推理层次的了解，侧重从推理认知的角度进行。推理是一种主动行为，正确的数学观能够调动、激发学生积极进行思考和推理的意愿，支配他们推理的过程和行为。公安院校大学生对高等数学课程的认知,也会影响他们在解决问题过程中的推理信念。推理信念包括推理习惯,主要指学生如何通过推理解决实际问题,主要从推理的思维倾向角度进行调查。教师在推理能力培养中有重要的作用,教师针对推理能力培养的教学策略会影响学生进行推理的积极性,以及学生推理能力的发展。

5.3.2 公安院校大学生数学推理能力水平问卷的结果

从参加瑞文标准推理测验的四所院校510名大学生中,每所院校抽取30人共120人进行问卷调查,时长30分钟,最终回收110份有效问卷,结果如下。

(1)推理的思维基础。

推理的思想方法的核心和关键是概念,推理由概念引出,在判断的基础上得出推理结论。思维的整个过程都是从概念出发,对概念的理解、认识情况会影响大脑的思维过程,思维过程中因个体的不同,推理的环节可能出现省略、跳跃,同时思维还有直觉、顿悟、猜测等不稳定因素,以及非常规思维的存在,使得思维的测量比较复杂。在对学生有关高等数学课堂中概念学习的调查中,数学培养能力重要性的调查中,72.7%的学生认为逻辑思维是思维发展最重要的能力,由此可知,学生认识到了逻辑思维的重要性,而对于这种重要性的理由,36.4%的同学认为是与人思维发展有关,43.6%的学生认为逻辑思维是学习过程中最难的能力。

对概念学习的认识,超过51.8%的学生认为概念学习对高等数学学习非常重要，只有 10% 的同学忽略了对概念的学习。同时，虽然 68.2% 的学生认为概念学习非常重要，但是对高等数学概念理解情况调查中，只有 11.8% 的学生对高等数学概念有比较清晰的理解，超过 40% 的学生对概念的学习没有引起足够的重视，33.6% 的学生通过记忆的方法来学习概念。

数学并不直接研究事物及现象，而是把具体问题抽象，上升成为一般概念，"公理化"的思想本身就是由特殊到一般、由个别到整体的过程，包含着命题与概念之间的逻辑关系，数学为学习者逻辑思维及创造性思维的发展提供了最为理想的场所。但是，对高等数学的学习来说，概念的理解超过学习者已有的直观体验，如高等数学中对"无穷"概念的理解。"无穷"是无法用具体的语言进行解释的，只能对这个词有个感觉的印象，而无法感知或实践。在概念的背后，它并不表示一个具体数，只表现为一种无限变化的趋势。

在对概念掌握情况的调查中（图 5.8），41.8% 的学生认为自己并没有完全理解概念，36.4% 的学生认为自己对概念努力记忆，只有 15.5% 的学生认为自己对概念有比较清晰的理解。

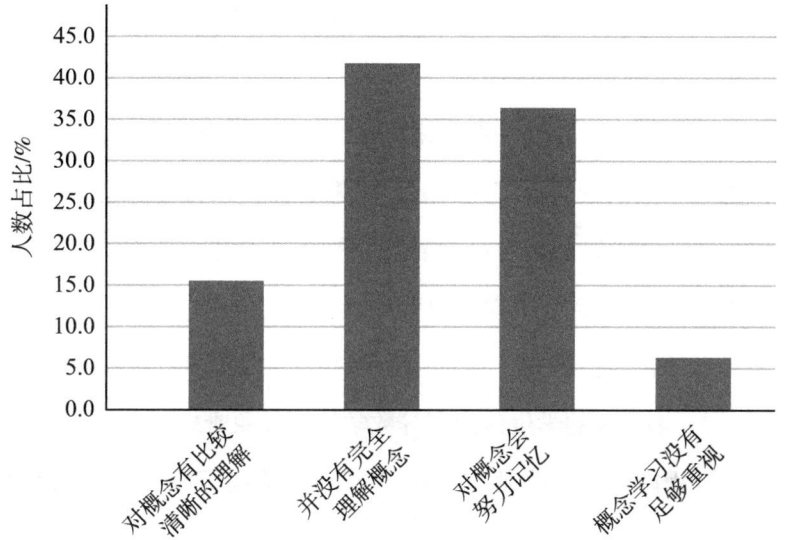

图 5.8 四所公安院校大学生对高等数学概念掌握情况的调查结果

努力记忆概念停留在思维的初级阶段,学习者还没有达到通过对概念的理解顺应冲突,建立起新的知识体系从而实现平衡,其推理的思想方式只是记忆、模仿,还需要进行大量的思维建设。掌握、理解高等数学概念是学习困难之所在,也是提升学习者思维方式、思维能力的重要途径。

(2)推理的形式。

对推理形式的调查,分为推理层次和推理类型两部分。推理层次高,推理类型呈多样化、高级化;反之,推理的类型简单、单一。

从公安院校大学生在高等数学学习过程中推理的层次来看,高等数学课程对学习者能力的培养是一种高层次的抽象的逻辑推理,这种高层次体现在高等数学的抽象和人类对抽象的理解方式上。高等数学高度的抽象源于高等数学概念在直观上的不可感知性。抽象首先是识别事物间的相似性,然后通过分类将具有相似性的事物收集起来,最后为了描述抽象结果,定义出一个概念。人人对高度抽象概念、理论的理解,首先要通过思维迁移,并为理论进行严格的逻辑证明和计算,从而对概念形成一种直觉认识。

大学生在高等数学学习过程中,推理的层次与高等数学所学相关概念的抽象性相关。在对学生有关高等数学学习难点的调查中(图 5.9),41.8% 的学生认为高等数学概念抽象难理解,27.3% 的学生认为课程内容衔接性强,20.9% 的学生认为高等数学自学难度大。

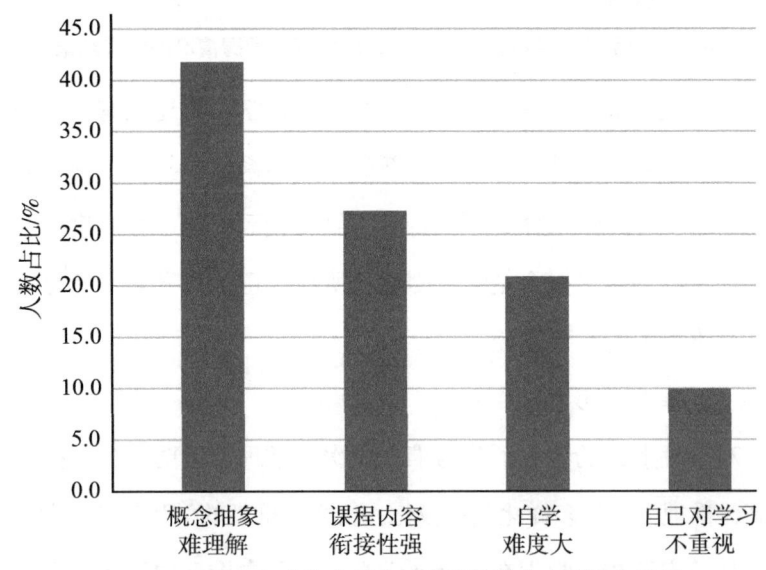

图 5.9　四所公安院校大学生对高等数学难点的调查结果

高等数学中的概念理解难度大的主要原因为其语言自身抽象难理解且无法运用直观思维。高度精确与抽象的数学定义(包括公理化命题）和建立在该定义基础上的逻辑演绎是高等数学思维的两个重要元素，它是一种需要演绎和严格推理的思维，这种推理是建立在五官无法感知的数学概念基础之上的（曹荣荣，2011）。概念抽象难理解的同时，概念间的联系性强，这同时导致了学生自学难度大。思维的发展建立在实践的基础上，直观思维是逻辑的先导，确切地说思维是建立在实践中主体对客体所体会到的直观形象。学生已有的学习经验是直观理解，将直观思维作为理论的先导，建立与已知事物的密切联系。直观思维最大的优势是不受理智之条条框框制约，直接提供思路、模型与方法，努力在互不相干的事物之间与已有经验建立联系。但是，一旦已有思维无法通过直观思维进行理解，学生的思维就会受到限制。在对学生有关高等数学学习难点的调查中（图 5.10），对于遇到不会求解的问题，有 11.8% 的学生向老师寻求帮助或和同学一起讨论，34.5% 的学生会找近似的例题，41.8% 的学生会看参考答案，11.8% 会放弃此题。

　　高等数学中推理的高层次还体现在学生对于未知问题的解决策略。数学抽象思维和抽象能力具有迁移的功能，能放大知识与能力的效能。皮亚杰将抽象分为三种，分别是经验抽象、伪经验抽象和自反抽象。有些认识直接来源于实践，有些是在实践基础上的获得和总结，因此一些同学在遇到无法解决的问题时，通常会从例题或作业中寻求解决方法。当学生对抽象的概念有更深入、充分的理解，了解其内涵和本质后，就会通过自反抽象对抽象的概念进行逻辑分类和相关分析。自反抽象是研究高等数学思维的工具，其建立在经验抽象和伪经验抽象的基础之上，建立二者之间的联系，在反复操作的过程中理解操作之间的相互关系，最后形成概念与关系。自反抽象是培养学习者数学抽象能力的基本做法，也是培养探索能力和解决问题能力的基本方法。由此，思维从直观上升到理性，所以可以说数学概念来源于常识和经验。

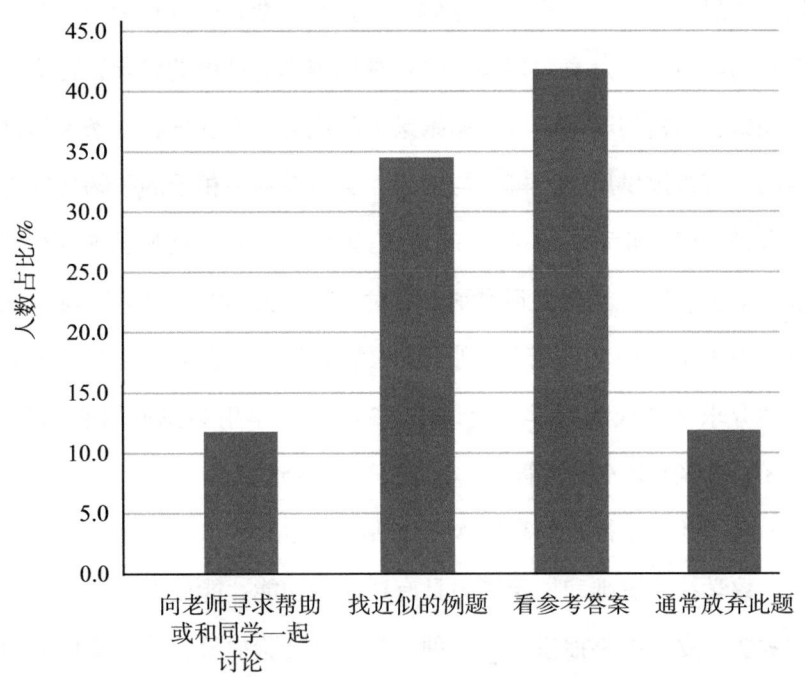

图 5.10 四所公安院校大学生对不会求解问题解决方法的调查结果

对于高等数学培养学生推理的类型，是在演绎的基础上进行合情推理。一切的推理都是由概念引发的，逻辑推理在理解概念的基础上通过演绎来论证概念及概念之间的逻辑关系，并在此基础上通过合情推理理解思想方法，并在理解的过程中反过来培养高等数学的推理能力。对于高等数学的学习来说，这两种推理能力都建立在模仿和反复操作的基础之上。纯粹的数学推理，尤其是纯演绎的推理，虽与实际生活有较大差异，但每个人都会在实际生活中不知不觉地利用数学式的推理，或者数学推理的思维及方法。

在对公安院校大学生学习高等数学最有效的方法的调查中（图5.11），47.3%的学生认为高等数学学习最有效的方法是理解高等数学的思想方法，34.5%的学生认为应理解基本的概念定理。

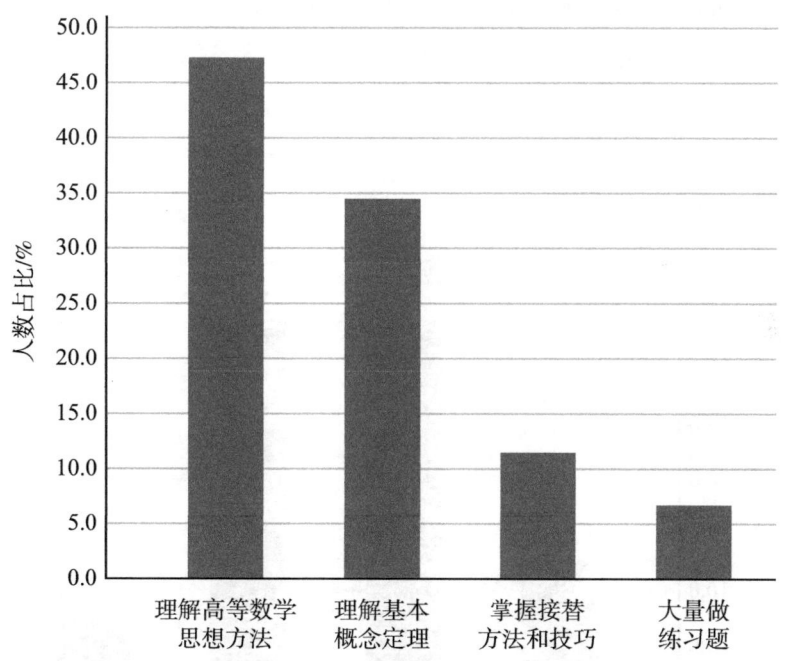

图 5.11 四所公安院校大学生高等数学学习方法的调查结果

逻辑思维与非逻辑思维之间并无明显界限，非逻辑思维是逻辑思维的基础，二者相互依存，共同促进，共同发展。新思想在丰富实践经验的基础上，配合大胆的直觉的自由想象情况下才能产生，纯粹的演绎逻辑是产生不了新思想的。数学上的新思想、新概念和新方法来源于发散思维，而发散思维是以感觉或直觉为基础的非纯逻辑思维形态（朱学志，1990）。通过调查可知，多数学生认为高等数学学习需要理解其中的思想方法，即以合情推理为主；部分同学认为要理解概念定理，即以概念理解中的演绎推理为主。但是在具体学习中，学生解决问题的一般方法和习惯（图 5.12），只有 12.7% 的学生是基于对概念的应用，有 44.5% 的学生是基于老师的讲解，34.5% 的学生采用类型题的相关方法。

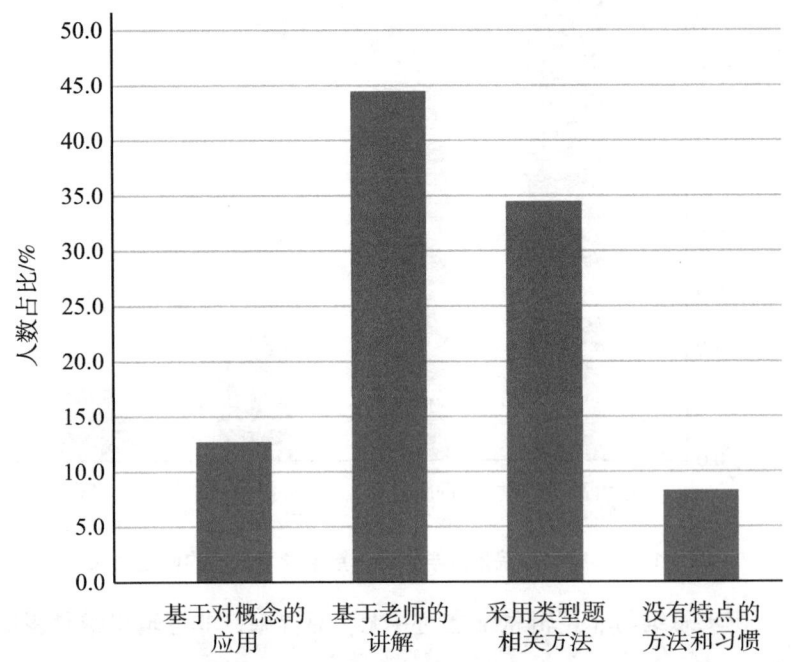

图 5.12　四所公安院校大学生高等数学解决问题的方法和习惯的调查结果

由此可见，学生们认识到思想方法对高等数学学习的重要性，但是依然选择简单的思维方式和推理方法解决问题。主要原因是，高等数学由于概念的抽象，使学生较难深入理解概念，所以在思想方法的培养和应用过程中产生困难。高等数学的这些特点，也是学习高等数学思维发展的特点。

（3）推理信念。

对于高等数学培养学生的推理能力，是在逻辑推理的基础上理解概念，在合情推理的基础上理解思想方法，并在理解的过程中培养高等数学的推理能力，而这两种推理能力都需要建立在模仿和反复操作的基础之上。模仿体现在对教师讲解内容的理解，以及对思想方法的迁移。例如，高等数学课程的引例都是两个方向，即在几何上的应用和在物理上的应用。通常，学生理解了几何问题就会用同样的思想方法解决物理问题。在对课堂上学生的思考方式的调查中（图5.13），9%的学生会主动进行思考，40%的学生在教师提问过程中会进行思考，30%的学生通过记忆的方式代替思考，即记忆结论或答案，也有超过20%的学生在课堂上不思考。

数学的抽象使数学变得简单，富有逻辑与条理，因此利于学生更好地理解数学知识的层次性与结构性，更好地把握数学知识的本质。数学本身并不是从抽象而来，而是在具体问题基础上上升为抽象，但是现在学习的内容和过程是由抽象到具体，导致学生合情推理变得困难。高等数学对于人才思维培养是从数学推理能力的培养开始的,在数学的抽象与具体的学习过程中,寻找事物共同的、本质的属性,从而让学生养成从更一般意义和方法上思考问题的习惯,进而发展概括抽象能力,提升理性思维水平。

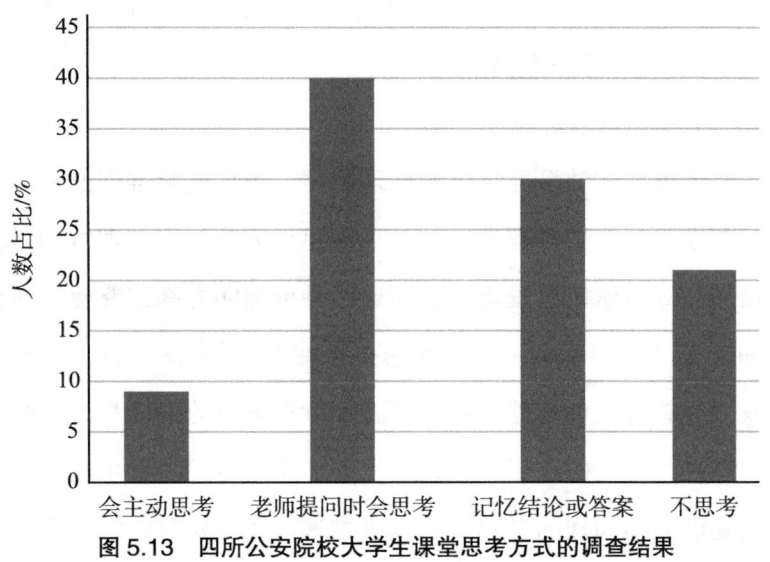

图 5.13 四所公安院校大学生课堂思考方式的调查结果

在对实际学习过程中具体做法的调查中,超过 77.3% 的同学的学习方法是考前突击,这也充分说明绝大多数学生学习高等数学是为了顺利通过考试,这与调查问卷中第一部分只有 37.3% 的学生学习高等数学的目标是通过考试有一定出入,但是印证了学生认为学习高等数学与工作生活并没有太多关系的认知。在对自己数学推理已有的水平认识调查中,23.0% 的学生认为自己推理能力一般,53.2% 的学生认为自己的推理能力较差(图 5.14)。

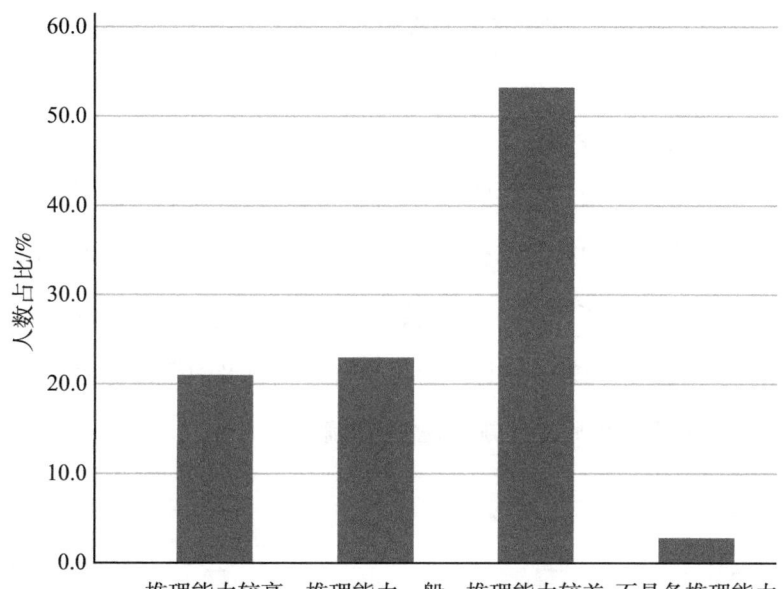

图 5.14　四所公安院校大学生自认为数学推理已有水平的调查结果

在对高等数学课程认知的具体调查中，笔者发现公安院校大学生对高等数学课程的认识还停留在期末考试，34.5% 的学生是为了提高自己的数学能力，21% 的学生想要掌握解题技巧，37.3% 的学生学习高等数学是为了通过期末考试。在学生学习高等数学课程对今后工作和生活用处的调查中，认为高等数学学习有用的学生仅占 6%，94% 的同学不清楚学习高等数学的用处。

对数学推理能力的具体情况调查中，在调查高等数学课程与推理能力培养有什么样的联系时，71.8% 的学生不知道高等数学课程与推理能力培养之间有什么联系，8.9% 的学生认为没有联系。在对高等数学课程在公安院校课程体系中地位的调查中，18.2% 的学生认为应该取消，54% 的学生认为可有可无，13.8% 的学生认为不应该取消。

（4）教师的作用。

从教学的角度对公安院校大学生推理能力特点进行调查，结果显示教师在其中起着重要作用。通过对教师在推理能力培养作用的调查（图 5.15）了解到，关于教师课堂侧重的重点教学内容，约 42.3% 的学生认为教师在课堂上侧重针对例题及习题的练习，只有 8% 的学生认为教师课堂侧重概念的讲解。

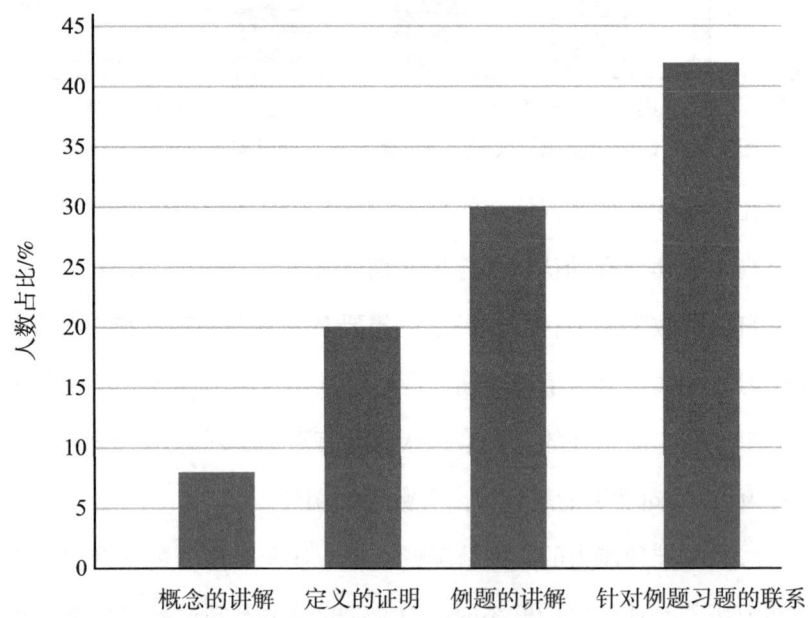

图 5.15　四所公安院校大学生对高等数学课程课堂教学内容的调查结果

同时，在对学生关于授课教师授课特点的调查中，36% 的学生认为自己的教师在课堂上以例题和习题的讲解为主，28% 的学生认为自己的教师喜欢启发引导学生思考。在课堂中，超过54%的学生认为教师以自己的讲解为主，27%的学生认为教师会通过提问引发学生思考，15%的学生认为课堂上教师会有目的地进行师生互动。

本次问卷，从测验样本中随机抽取20份采用奇偶分半的内在一致性系数进行估计，其中选择A选项为4分，B选项为3分，C选项为2分，D选项为1分。统计结果显示，两组数据的相关系数为0.92，信度良好。

5.3.3 公安院校大学生数学推理能力水平问卷结果分析

（1）公安院校大学生高等数学思维基础较弱，概念掌握不足。

从公安院校大学生推理的思维基础来看，公安院校大学生的推理并不是从概念出发，而是通过对概念的理解进行推理。对于高等数学来说，由于概念并不是直接研究事物及现象，而是把具体问题抽象化，将其上升成为一般概念，导致学生理解概念产生困难。数学的特征是"公理化"的思想，本身是由特殊到一般、由个别到整体的过程，包含着命题与概念之间的逻辑关系。数学为学习者逻辑思维及创造性思维的发展提供了最为理想的场所，对于大学阶段的推理能力和水平来看，波利亚（2001b）认为大学生应该具备运用启发性的推理策略去解决问题的能力；但是公安院校大学生由于对概念理解较差，运用概念进行推理的思维方式较少，因此很难做到通过概念及概念之间的关系进行归纳、概括层面的推理，推理只是基于记忆和模仿。学生认为记忆是最好的思维方法,是最高效的思维方法,认为只要记住公式和典型习题就可以在解决实际问题时直接套用。因为在课程学习、考试评价中,通过记忆可以解决相关问题,获得良好的学习成绩、学习效果。高等数学是一门知识体系完整、内容抽象的课程,对于难理解的概念和问题,学生会进行大量试题练习,以掌握更多的题目类型,解决更多的试题,教师也会愿意让学生直接记忆结果。能力的提高学生是看不到的,学生直接获得感官满足的是成绩。记忆的结果就是造成学生思维的惰性,学生不会不愿意进行思考。

(2)公安院校大学生高等数学推理层次较低,高级推理能力薄弱。

从公安院校大学生推理的形式来看,与高等数学培养人才高层次的推理能力不同,推理层次较低,而且推理的类型主要以概念学习中的逻辑推理为主,很难开展逻辑推理。在解决问题过程中,学生也进行了推理,可能是相似性推理、记忆性推理,但均属于在已有经验基础上的推理,这表明学生并不是从具体问题上选择方法,推理还停留在非常初级的水平上。在调查过程中,学生是明白高等数学重要性的,清楚它是培养逻辑思维与推理能力的,对推理的类型也有一定的了解。但学生推理的目标只是获得正确的结果,学生并不在意运用的方法,无论是通过记忆的方法还是创造的方法,只要能获得正确的结果就是令人满意的。学生们并不在意在解决问题过程中的思维过程,也就是推理的过程,学生更在意推理的结果。

（3）公安院校大学生推理信念不足，推理习惯不佳。

笔者在对学生推理信念调查中了解到，公安院校大学生对高等数学课程学习与推理能力发展二者之间关系的认识较为主观、浅显。学生推理意愿不强，推理倾向性较弱，不具有良好的推理习惯。主要原因是，当前公安院校大学生学习高等数学并不是目标导向，而是结果导向，这个结果就是通过考试，获得学分。因为学生对于高等数学与具体能力培养之间的关系不明确，所以考试成为唯一一个对学习进行评价的标准，通过考试就成为学生的学习目标。要想通过考试，就需要算出正确答案，会解题。问题的原因是考试导向，而恰恰很多的考试题目都是可以通过记忆或相似的方法解决的。

（4）公安院校高等数学教师推理能力培养作用不明显。

笔者在对教师作用的调查中了解到，在具体的课程中，教师通过讲解的方式将各种推理的方法传授给学生，目的是希望学生能够了解多种推理模式，以解决不同类型的问题，培养良好的思维模式，进而可以进行创造性思维，而不仅只是通过记忆、复制、迁移，但是效果并不明显。目前的情况就是，教师并没有针对概念与概念应用之间的联系，启发、引导学生进行推理，学生缺乏在教师指导下进行的锻炼机会，没有养成良好的推理方法和习惯。思维能力提高是一种主动建构的过程，需要学生在已有的经验上与新知识建立联系，但学生的主动性较弱，教师要让学生认识到推理能力培养满足个人发展的需要，才能促使学生对课程及教师产生行动性趋近行为,才能吸引学生主观努力采取行动实现目标。当教师在课程中对思维及逻辑能力培养过程中遇到困难,应该选择不同的方法激发学生进行推理。

5.4 公安院校大学生数学推理能力水平的访谈

5.4.1 公安院校大学生数学推理能力水平访谈的设计

对具体问题的深入认识,需要在访谈的基础上进行分析和判断。对推理能力水平的评价,不仅需要对推理能力本身进行测量,还要对推理相关的习惯、方法、作用进行了解和评估。结合对推理能力与具体实践客观而正确的认识,找出推理能力现状及培养中存在的问题和不足,本身就是具备了较高的推理能力。通过访谈,了解公安院校大学生、毕业生及高等数学教师对推理能力、高等数学课程与公安工作的具体认识,可以更好地反作用于高等数学课程和教学,推进公安院校数学推理能力培养的改革和发展。

(1)访谈的对象、时间。

问卷完成后,从四所院校中随机抽取10名学生进行访谈研究,其中湖北院校3名,辽宁院校3名,北京两所院校各2名。

在北京市公安局,笔者邀请2位民警进行了访谈,2位民警均为公安院校毕业大学生,1位工作10年,下文称为"民警甲";1位工作2年,下文称为"民警乙"。在北京院校测验完成后,立即开展访谈。

笔者对四所公安院校的 7 位教师进行了访谈，除前期选择的 6 位教师外，另从公安大学选择一位高等数学教授。北京院校测验完成后，立即开展访谈。

（2）访谈的类型。

访谈采用设立主题的封闭访谈方式。

（3）访谈的内容及提纲。

对公安院校的大学生，开展针对公安院校大学生推理能力水平评价的访谈，访谈的内容主要针对学生对数学推理能力水平现状、数学课程学习与推理能力培养及推理能力与职业发展等相关问题。

对公安院校的毕业生，针对推理能力水平与推理能力培养，访谈内容主要为推理能力水平、推理能力与职业发展、数学课程学习及能力培养等相关问题。

对公安院校的高等数学课程教师，针对当前公安院校大学生推理能力水平现状、公安院校的高等数学课程与推理能力培养的相关问题进行访谈。

（4）访谈的记录方式。

访谈采取录音笔加笔录的记录方式。

本次访谈，充分收集事实证据，谨慎使用不完全归纳，选择有用论证和有效事例进行思考，突出强调重要事实，针对访谈内容作出合理推论；从访谈中得出的结论，不仅要建立推理所用的前提假设，更重要在于排除那些因偏好、习惯等可能导致错误、无关的事实,建立纯客观、无偏见的前提假设,为合理、准确地归纳、总结做准备;访谈过程中,不启发、诱导受访者对问题进行回答,获得可靠的访谈内容,并通过研究性的交谈,对涉及人的理念、认识及表达,采取科学性的标准,对访谈在形式和内容上做到准确,以获得有效结论。

5.4.2 公安院校大学生数学推理能力水平访谈的结果

(1)公安院校在校生的访谈结果。

对数学推理能力水平现状的访谈,6位同学都表示自己数学推理能力水平一般,4位同学表示自己数学推理能力水平较差。日常学习表现在:对于高等数学题目只会解决书上的例题和课后作业,对于没见过的题目或者较难的题目没有任何方法或者思路;学习的主要方法是记忆,很少能够理解或者进行思考,无法进行推理,思维比较局限,不灵活也难展开思考;不知道什么是数学思想,数学的思想如何应用在工作和生活中。有4名同学表示对高等数学的概念很难理解,认为概念多是符号、公式,完全不理解概念表明什么。有2名同学表示基本理解了概念,但是概念和计算之间没有太多关系,强调考试不考概念。对于高等数学考试成绩,有3名同学表示优秀,4名同学表示良好,但考试成绩与自己推理能力水平没有太多关系。

对于数学课程与推理能力培养的关系,对培养推理能力有效的课程,多数学生认为是案件侦破、犯罪现场调查、犯罪心理学等专业课程。在所有课程中，基础类课程对职业发展的帮助最低，而且学习枯燥乏味；认为数学课程在大学学习中可有可无，认为数学课程在培养公安工作中的推理能力作用不明显，数学推理和案件侦破中的推理不是一个系统，而对设立高等数学课程的目的，学生认为是国家政策的规定，而制定政策的原因是本科教育的基本要求。学生认为高等数学课程不重要，因为觉得高等数学知识在今后工作中根本用不到，学生在学习期间参加过各种实习，接触具体的公安工作，发现那些工作与数学知识完全无关。对高等数学的学习，基本上能保证课堂听讲，课后作业不太会，但是因为要交作业，一般就照着参考书把作业写上。期末考试通过了，但是在大一下学期学高等数学下册的时候，发现高等数学上册内容基本上都不会了。基本上，考完试学过的知识都忘记了，所以学习数学课程的目标最终变成了通过考试。学生在课堂中以被动思考为主，也可以不思考，因为教师并不关注学生在课堂中思考情况。但是仍然认为高等数学课程培养了自己善于思考并反思的思维习惯，因为自己可以解决一些数学题目，而对于社会类学科只是把书上的内容背下来。教师在课堂上以自己讲解为主，对题目讲解比较多，对概念的讲解并不多，启发学生思考，引导学生思考方面做得还不够。

对于数学推理能力与职业发展关系，学生们认为推理能力在公安案件侦破中有重要作用，但高等数学培养的推理能力与公安工作中的推理能力不相关，数学推理只能用于解决数学问题。但是数学推理能力的培养及发展虽然也很重要，但用处没那么明显，多数学生不清楚数学课程与今后职业发展有何种相关性。学生认为掌握微积分相关的基本知识,与实际工作没有相关性,数学理论的应用是一种理想状态,但是现实生活中数学公式解决不了公安工作中的具体问题,认为数学知识的应用领域比较高端,比如航天卫星、经济模型,日常生活中运用的数学知识,尤其是高等数学知识有限。公安工作中推理能力的提高得益于丰富的工作经验,很多优秀的民警案件侦破能力很强,其都有一个共同的特点,那就是调查过很多案件。因此,为了培养公安院校大学生推理能力,学校应该给学生足够参与实习、工作实践的机会,走出课堂。身体素质、法律意识及交流沟通能力是人民警察最重要的能力,因此实习、实践类课程对自身今后职业发展最有帮助,也是最值得注重的课程。

(2)公安院校毕业生的访谈结果。

民警甲认为,自己具有较强的推理能力,在执法办案中能力水平得到很好的发展,并列举了自己在工作中推理的几个事例。强调自己推理能力的发展是在工作中收获了很多案件侦破、执法办案的经验,这些经验促进了推理能力的提高。推理能力在公安工作中很重要,工作中问题的解决都需要经过逻辑推理。是否进行了正确、合理的推理决定了一个决策的准确性与合理性,每一个决定都应该是经过推理所得。公安工作主要分为预防和打击,从预防的角度来说公安工作就是杜绝犯罪行为发生,防患未然,需要前期信息的综合预判;从打击的角度来说公安工作就是确定嫌疑人,通过推理还原案件事情,惩治犯罪。目前公安警力有限,推理可以很好地提高工作效率，缓解警力不足的问题。现在公安工作提倡警务思维，不再是人海战术，警务思维是从分析问题、解决问题的角度出发，需要良好的逻辑思维和推理能力。统计应用就是推理，根据收集的已有数据进行推断。对于高等数学学习，民警甲没有学习过高数课程，但是认为大学生都应该学习一点数学类的课程，对思维发展、逻辑能力有帮助。现在，基层派出所的民警也在用 Excel 表格分析数据，如报案数、破案率等，对治安情况进行调查，这也是一种推理能力，这些是在数学课中需要学习的内容。

民警乙认为，自己具有良好的推理能力，尤其是数据推理能力。目前的工作，以数学推理为主，数据的分析和研判都需要通过数据进行推理。通过建立数学模型，提高工作的准确性和效率。

同时强调，任何职业、任何人都需要有良好的推理能力，这是解决问题的基本条件。公安工作中以及日常生活中，只要是需要通过思考解决问题的，或多或少都有推理的成分。公安工作中案件侦破中，推理运用得更多，也更重要。案件侦破的过程是推理的过程，尤其在确定犯罪嫌疑人的过程中需要经过推理。每一项不同的、具体的公安工作都有推理在其中，举个最简单的例子：巡逻排查工作，广场上来来往往的人很多，不可能一一排查到，一定是根据行人的言谈举止、行为方式来判断，就是常说的疑点，这种判断就是推理所得。

民警乙在大学时学过高等数学课程，主要是高等数学、线性代数和概率论与数理统计，这些课程培养了自己数学思维，目前工作中运用最多的是数据思维。他认为，高等数学课程应该作为必修课程，不一定是看得着摸得到的实际作用，数学主要是培养人的思维，这可能比操作技能更重要。

（3）公安院校高等数学教师的访谈结果。

在访谈过程中，访谈的每位数学教师都谈到数学推理能力、推理习惯是可以通过课程学习进行培养的，并且学生的推理能力是可以应用和保持的。但是，当前公安院校大学生的推理能力培养与普通高校相比有差距，这是由于公安院校的人才培养模式、高等数学课程、个人原因等多种原因造成的。

访谈中，教师们强调作为数学老师，需要通过高等数学课程的训练，培养学生的数学推理能力。因为推理能力与智力发展紧密相关，高等数学的课程目标之一就是提高学习者的智力水平。对于本书的研究以及本次调查，公安院校的数学教师认为是非常重要的，这与公安教育的未来发展、高等数学课程的发展紧密相关，同时也提出了一些问题。由于公安职业的特殊性，公安高等数学课程也有很多特殊性，甚至不确定性，需要公安院校的高等数学课程和教师更广泛地交流，才能更好地落实课程与能力培养。高等数学课程本身的性质、特点和其他课程有较大差异。数学课程是对思维进行培养的，但要通过数学课程对思维进行评价很难，在生活和实践中对思维的评价更难，所以教师很难说服学生经过数学课程学习，思维会获得发展，进而激励学生刻苦训练。大学生已经能够独立思考，对社会已有了初步的认识，对于走出社会、职业发展的方向和道路有自己比较明确的规划,对教师的说教也有自己的判断,他们对数学课程的认识左右了他们的学习效果。专业课程是教技术的,技术类的课程,尤其是公安类技术型课程以操作为主,教师明确告知步骤,学生经过反复操练技术就掌握了,所以学习起来更有兴趣。基础课程多数是以理论为主,但是数学课程和其他的基础课程还不一样,英语、计算机是有国家统一考试的,学生都清楚获得证书对未来发展是重要的。数学没有国家级考试,也没有资格证书考试,学数学就只剩通过学校考试。在普通高校中,很多学生努力学习高数是为了考研,但是公安院校的绝大多数学生直接就业,对数学课程学习就没那么努力。所以,公安院校数学课程地位是非常尴尬的,学生没有学习的压力也就没有动力,通过期末考试是他们唯一的压力,很多数学老师表达出期末考试能有多难啊,学生想得很明白。

公安院校数学教师认为,知识和能力发展是相辅相成的,不能忽略能力只讲知识,更不能抛开知识空谈能力。对于公安院校,最大的问题是课时数量非常有限。公安院校是具有职业特色的高等院校,开课时充足的数学课是不现实的,但是课程体系调整、课程设立后,对数学课程的调整和规范也都尽力做到了。课时数量只是普通高校的30%,所以选取的内容都是高等数学的核心内容。课堂上,没有时间开展互动,只能教师一个人讲,给学生思考的时间都很有限,所以教学效果如何很难评判。学生掌握了一些数学知识,但是培养了多少能力,还需要进一步了解。

同时,对公安院校的数学能力,尤其是推理能力的培养也提出了新的疑问。数学课程是为了培养数学能力，数学能力是个很宽泛的概念，包括计算能力、空间想象能力及逻辑思维能力，传统三大能力中最主要的是逻辑思维能力。逻辑思维包括概念、判断和推理，所以学生逻辑思维培养的关键是培养推理的积极性和准确性，而推理能力培养就是概念和判断。高等数学概念是很难理解的，比如极限的概念，甚至函数的概念，课堂上没有那么深入地讲概念，是考虑到一开课就抛给学生一个难理解的内容容易打击学生学习的积极性，所以课堂上淡化概念，但这样做就可能给学生判断和推理造成了障碍。公安院校的数学课程还需发展、规范，把多种因素协调好。当前，公安院校过于注重学生对基本知识的掌握，对学生培养这方面有欠缺。数学课程能够促进学生推理能力的发展，数学课程是培养推理能力最好的课程，推理能力是没有学科范围和应用领域的，都遵循概念、判断和推理的过程，数学课程培养的推理能力也可以运用到公安工作、日常生活中。公安院校数学课程应侧重培养学生的逻辑思维、空间想象及数据分析能力，这些对今后公安工作大有帮助。

5.4.3 公安院校大学生数学推理能力水平访谈结果分析

（1）公安院校大学生对数学推理能力重要性认识不足。

公安院校大学生数学推理能力不足，学习数学的兴趣不高、数学知识水平和能力较低，与其对数学推理能力重要性认识不足有关。大部分学生缺乏对高等数学课程及推理能力的正确认识。公安院校大学生没有认识到高等数学课程对自身发展的重要性，他们认为高等数学课程的推理与公安工作中的推理有较大差别，数学推理能力在公安工作中无法应用。

高等数学课程培养的是思维习惯，从生理机制角度来说，数学推理虽然是特定的情景会和大脑产生某种固定的神经联系，当接受类似情景刺激时，相关神经系统就会产生相关反应。公安工作中的推理虽然不是课堂中学习获得的推理，但是思维会进行迁移、转换，形成一种思考问题和解决问题的习惯。在智力行为相关讨论基础上，有一种新型的智力观，即思维训练和智力发展之间有一种密切联系，智力可以通过恰当有效的训练方式获得提高。这种提高不是个体在处理问题时的偶然发挥，而是形成一种技能性的一般习惯，一种稳定的行为特征，称之为思维习惯。从过去已获得的经验中抽取出一定的含义，通过有效处理，用于解决新情境的问题。因此，高等数学课程培养的推理能力可以应用于公安业务工作中。

（2）数学推理能力在公安工作中有重要作用。

思维方式、推理习惯并不分具体的工作和内容，良好的数学推理虽然是在数学学习过程中培养的，与广义上一般意义下的推理不同，但仍可解决公安工作中的具体问题。因此，良好的数学思维及推理能力对公安工作有重要意义。

同时，数学推理可直接应用于公安工作中。随着当前社会形势的变化，当前公安工作与之前的公安工作有较大差别，内容也发生改变，数字化、信息化，数据收集、筛选、处理，大数据的分析与处理，都需要具备良好的数学推理能力。尤其是当前公安工作的智慧警务，需要对案件进行分析和研判，并能够预测案件发展，良好的数学推理能力是公安工作的基本职业技能。高等数学课程在公安院校课程体系中占有一定地位，培养以多学科、多元知识相结合的高素质人才，能够用数学解决实际问题并能进行发明创造，不断提高工作效率。

（3）公安院校数学推理能力培养需加强。

通过对教师的访谈了解到，课程、教师、学生是能力发展的关键因素，教师对推理能力培养的认识，在实践教学中的授课方法，与学生推理能力的发展紧密相关。高级思维能力的培养需要有针对性地指导，对于推理能力的培养而言，概念是推理的起点，如何让学生理解概念需要进行设计。高等数学课程内容多，抽象难懂，学习起来需要坚定的决心和热情，这种决心来自对高等数学课程目标的理解和认识，教师应告知学生高等数学课程的培养目标、价值，以及与今后工作的联系，有利于提高学生学习的意愿。今后公安院校数学课程教师不仅要注重知识的讲解，也要让学生明确数学课程目标，指导学生为了正确目标学习。同时，还要培养学生的学习习惯，让学生不仅能获得良好的思维方式，也有利于促进学生学习高等数学的动机和情感态度，相互促进并共同发展。思维方式的培养需要思维习惯的支持，对推理能力的培养应该从学生良好的推理习惯开始培养。

5.5 总结与讨论

（1）公安院校高等数学课程应加强高级推理能力培养。

从测验中可发现，四所公安院校大学生都具有较好的基本推理能力，但高阶推理能力相对较弱。如在瑞文标准推理测验中，知觉辨别能力、类同能力表现较好，而关系推理能力、抽象推理能力较弱。在瑞文高级推理测验中，图形组合关系推理、视觉空间推理能力表现较好，而对认知能力的评估中抽象对应关系能力也相对较弱，这部分能力也与抽象推理能力相关。并且，测验发现随着解决问题的思维方式和方法运用到的规则越多，学生的表现越差。学生的推理测验成绩与数学学习并没有明显的相关性，工科学生的推理成绩比文科学生的推理成绩稍高，但是文科学生的逻辑推理成绩比理科生稍高。

推理能力发展的前提和基础是已知事物，要么通过已知事物获得新理解，要么在已知事物上获得新事物，关键在于思维对已知材料和新问题建立起的联系，而已知材料就是抽象的概念。通过对事物的共同因素的理解，促进思维进行迁移的基础，而事物间的共同因素就需要主观建立正确的联系，将直觉思维上升为抽象思维，属于高级逻辑推理思维。数学应通过加强思维各要素的综合训练，最大程度促进学生发展，应积极寻找为逻辑指引方向的直觉和正确直觉背后蕴藏的逻辑（王健吾，1995）。知觉辨别能力和图形组合关系能力属直观思维，本身就是逻辑的，建立在已有逻辑上，并在逻辑的基础上将直观上升到初级认识即直觉。直觉先于逻辑理解，直觉不具有严格性和确定性，直觉需要在逻辑指导下不断调整、修复、补充，最后形成认识。逻辑的思路与方法、所要达到的目标都是直觉提供的，思维能力是各种不同的思维品质、直觉思维能力、逻辑思维能力等综合体现，对已形成的思维直观进行加工和精确化。

（2）公安院校高等数学课程应注重概念的学习。

在问卷中发现，学生认为高等数学概念抽象难理解，概念的学习成绩不佳，认为概念的学习与高等数学学习关系不大，很多学生放弃概念的学习。在学习中，多运用记忆、模仿等相对简单的思维模式，推理较少。同时，由于概念的学习效果较差，对于概念建立起的逻辑性不强，逻辑推理无法开展，并很少运用到合情推理。学生在学习中并没有建立起直觉与逻辑的关系，直觉是沟通经验与逻辑的桥梁，学生对高等数学概念理解过程中，理解文字、符号的意义，但是无法建立二者的联系，无法为逻辑提供目标与方向。一是学生在学习中并没有建立起直觉与逻辑的关系。二是对于这些无法直接感受的概念需要自己进行理解，并能用自己的方式表达出来。例如，高等数学中对"无穷"概念的解释，"无穷"是无法用具体的语言进行解释的，只是对这个概念有个感觉上的印象。"无穷"并不表示一个具体数，只表现为一种无限变化的趋势。学习者用何种方式顺应这样的冲突，建立起新的知识体系从而实现平衡，需要进行大量的思维建设。这是高等数学课程学习困难之所在。另外，关于运动、发展的过程与所描述的对象（或者是结果）同一性的理解。例如,"极限"的概念。在求解极限的过程中,学生通过求极限的方法得出一个确定的数,所以把这个数认作极限,极限是一个确定的值,但是"极限"的概念"ε-δ"极限概念的数学语言强调的就是一种趋近的过程。在初等数学学习中思考过程为了求得结果,如求得函数值,与高等数学求得极限值的过程,二者的实际意义不同。因此,学习者在学习过程中,已有的概念会对新认知产生重要影响,这种影响很难产生积极作用,学习者在已有经验基础上进行复制和推理容易产生错误。

(3)公安院校高等数学课程应提高推理动机,培养推理习惯。

在问卷和访谈中发现,公安院校大学生高等数学学习动机不足,学习数学的兴趣、情感态度,甚至自我价值及效能,总体来说处于较低水平。学生对高等数学课程的价值、数学知识价值的认识不足,学生数学学习的意愿、数学能力的发展处在比较初级的水平上。职业院校和综合类院校不同,学生在进入学校大门时就确定了今后的具体工作,而学习的目标也很明确,就是通过课程学习提高职业技能。基础类课程是学生综合能力提升的基础,与专业类课程不同,与职业技能及职业发展没有明显联系,若学生意识不到课程的重要性,容易导致学习信念动摇。一个人的思维方式不仅仅取决于个人学习,或者教育培养,还要受到信念、意愿的影响。学生对课程的认知在一定程度会影响他的学习意愿、学习动机,对课程的认知包括对知识价值的正确认识、学习的兴趣等多个因素,学习动机可以激发学生加强学习,对课程学习动机较强的学生,其学习成就也会较高。

第6章 公安院校高等数学课程与推理能力培养的建议

真正体现出人文关怀的社会学说，绝不会是医头医脚的小修小补，而必须以激进亢奋的姿态，去怀疑、颠覆和重估全部的价值预设（博格西昂，2015）。对于公安院校大学生数学推理能力培养的研究，也不能只针对具体的高等数学课程，或是数学推理能力本身，而是要在以高等教育与职业教育为背景的公安院校人才培养模式下，结合公安工作所需人才素质对数学推理能力的基本需求，以满足公安院校大学生个人发展和未来职业发展为目标，对如何更好地促进高等数学课程与推理能力培养进行思考。

6.1 公安院校大学生推理能力培养的建议

随着时代发展，公安工作的内容和形式都发生了巨大改变，人才培养方式也随之改变。公安教育应首先明确，公安工作需要哪些基本的职业能力，这些职业能力在公安工作中所处的地位和作用，然后再去理解推理能力在公安人才培养中属于何种类别，对公安专业人才培养有哪些重要意义，以及如何在人才培养中去落实这些重要性。

6.1.1 确立推理能力培养在公安教育中的地位

公安教育作为高等职业教育，对人才具体能力的培养，也离不开高素质人才与优秀的人民警察两部分，高素质指高级人才应具备的基础能力，优秀的人民警察则各项职业能力缺一不可。高素质人才对应基本能力的培养，这里的基本能力是公安教育作为高等教育培养学生的基础素质的综合，包括基本的政治素养、外语能力、沟通交流能力；优秀的人民警察对应职业技能的培训，满足当前公安工作及个人以后职业发展的需要，要具有合格的身心素质、必备的法律知识、良好的案件侦破能力。

高素质人才需要推理能力，是由个人发展需要决定的，推理能力是人才自我实现，满足生产、生活需要的基础能力；推理能力对人民警察的重要性是由公安职业发展需要决定的，推理能力在公安案件侦破、打击预防犯罪中发挥着重要作用。人才培养两方面的重要意义决定了推理能力在公安院校人才培养中的特殊地位。

大学阶段主要基本能力具有共性和普遍性，主要能力包括发展智力、自学能力、适应能力、科研能力、创新能力、动手能力和自立能力（吴绍琪，2002）。推理能力是相关能力发展的基础，不仅是培养良好思维能力的重要组成部分，也是不断认识世界的方法和工具。大学生只有具备抽象思维和逻辑推理能力，才能更好地认识世界，认识并掌握客观规律，从而科学改造客观世界（冯秀梅，2013）。推理能力本身比学习具体的科学知识更重要，它为学生提供获取新知识的基本方法，帮助学生更好地理解事物间的逻辑关系（耿俊茂，2006）。推理是人的大脑为获取准确结果在思维过程中的重点部分和关键阶段，是智力发展的重要条件，是在学校教育体系中获得间接经验、扩充知识来培养能力的重要途径，对科研能力、创新能力有重要影响（黄伟力，2013）。

同时，推理能力对公安院校大学生具有特殊性，与职业技能紧密相关。对具体公安工作来说，推理能力是满足日常公安工作需要的基础，是公安院校大学生职业发展应具备的基本能力。公安工作中预防打击犯罪和案件侦破过程中获得的绝大多数线索和证据，都是通过推理所得，是在已有的学习经验、案件逻辑基础上通过对已知情况的整合与思考来寻求解决和论证，最终确定嫌疑人，查明案件的具体情况。与职业相关的推理能力，与基础推理能力有联系、有区别。联系是都需要基本推理思维方式和方法，通过一系列复杂的思维过程，对未知进行正确合理的判断，是由未知到已知的过程；区别是，与公安具体工作相关的推理需要已有的相关经验，如刑事逻辑、侦查逻辑等，在获得正确推理之前需要收集尽可能多的资源和信息，并通过对信息进行加工整合和判断去伪存真，然后经过一定的逻辑整理，推出一个或一些新论断、新证据，进而去推测并还原案件真相。

6.1.2 明确推理能力培养在公安教育中的特性

明确推理能力在公安教育中的特性,是课程体系与目标构建的基础与关键。研究推理能力在公安院校能力培养中的特性,要从职业能力的划分开始,职业能力的分类方法多种多样,主要有两种划分方式:一种是分为基本能力、专业能力、特定能力(张元,2008),另一种是分为方法能力、专业能力和社会能力(卢兵,2011),归纳起来可以综合为两大类,即基础能力和专业能力。基础能力是满足个人今后自身发展、适应社会生活所必需的能力;专业能力与具体职业相关,适应特定职业发展需要的能力,具有一定专业性、特殊性。推理能力作为基础能力培养,不考虑专业和兴趣,只根据个体思维发展的程度进行。

推理能力是公安院校人才培养中重要的基础能力。推理能力属于高阶思维能力,培养公安院校大学生推理能力,对促进思维发展,加强对事物本源真相的探究,获得新认识、新观点,提高个人素质和综合能力有重要作用。

推理能力也是公安工作中重要的专业能力。对公安院校大学生来说,培养推理能力需将推理与公安实践结合,用推理的思维与方法解决公安基本业务问题,满足公安工作特殊的业务需求。推理能力与职业技能的发展和应用密不可分,应用在具体的公安实践中,同时会对工作效率、案件侦破的结果产生影响。对公安工作来说,解决实际问题需要良好的逻辑思维推理能力,推理是运用在公安工作中的重要工具。犯罪行为很难被记录,也不能回放重演,只能通过调查和研究进行推理,还原事实真相,推理能力水平的高低决定公安工作的质量和效率。在案件侦破过程中,公安人员需要敏锐的观察能力,对收集的犯罪现场相关信息资料进行充分分析,对可能性进行证实或证伪来缩小侦查范围,确定犯罪事实,推理是公安工作必备的专业能力。

因此,公安院校对大学生推理能力的培养,既是培养个人的基础能力,也是在为公安工作培养专业能力,推理兼具基础性与专业性双重属性。

6.1.3 设定具体的公安院校大学生推理能力培养目标

目标是人才培养的依据和参照,不同的教育层次与学校类型对人才培养的目标不同,不同的人才培养目标决定了不同的能力需求。公安院校大学生推理能力目标的设置要明确、具体。

对于推理能力的基础性,公安院校大学生推理能力培养的目标应是传授科学有效的推理方法,培养良好的推理习惯。推理是人的一种本能,但有好坏对错之分,而教育的目的是提高学生进行有效、合理推理的能力。相关人才培养目标与课程目标中提到,公安院校要建立良好的逻辑思维培养的课程体系,培养学生有公安特色的思维形式,让学生掌握良好的逻辑推理的思维规律。所以,笔者认为公安院校大学生推理能力培养的目标如下:一是在大学生现有思维能力基础上,通过知识和学习促进思维由初级向高级发展,不断发散思维、提高个体认知能力，使学生具备基本的逻辑观念；二是把推理作为分析问题、解决问题的基本途径，推理是思维对不完全信息的补充，当认识发展到一定程度，个体就可以在得出结论前基于已有信息进行一系列判断以获得可靠结论，不断提高推理结果的合理性和有效性；三是能充分发挥推理主观能动的积极作用，把通过逻辑推理得到的结果作为获得新知识的方法，在学习与实践过程中自己去获得经验，能够不断加进新知识并与已有知识相容，能够通过设立假设、不断求解的方法去解决思维过程中的冲突。

对于推理的专业性，推理能力培养的目标是将推理能力运用到具体的公安实践中，解决专业问题。笔者认为推理能力培养的具体目标如下：一是公安院校要培养学生良好的思维方法，教育学生掌握推理的相关知识，培养良好的逻辑思维能力，在实际工作中应用逻辑理论于公安实践，更好地进行侦查活动、打击犯罪；二是传授学生案件侦破行之有效的推理方法，掌握侦查、处置的重要逻辑，让学生具备进行逻辑分析并作出合理推理的能力，让学生能够对案件的侦查做到合情周到；三是培养公安院校大学生良好的推理习惯，在推理过程中必须严谨而有依据，不能异想天开，加强推理的严谨性和科学性，提高工作效率，还应对自己的推理进行论证。

总之，公安院校大学生推理能力培养的目标，需要同时满足基础性和专业性的要求，既设立推理的基础性目标，具备基本的思维能力、培养良好的推理方法和推理习惯，又要设立专业性目标，了解公安相关业务知识，将推理与公安实践相结合，提高工作的效率。

6.1.4 建立公安院校大学生推理能力培养的课程体系

培养公安院校大学生的推理能力，促进公安职业技能的发展，要靠公安院校的课程体系。推理是一种思维形式，是解决问题的方法和技能，有个性差异。技能有一个符合自身规律的层次递进发展的时空，而要最快最好地获取技能，就需要通过教育手段去培养和开发，从而最大程度地挖掘人自身的潜能（姜大源，2011）。能力的培养，需要课程的支撑，学生通过在课程中学习和实践促进个人能力的提高。

人才培养目标决定课程体系的建立，二者相互影响，共同发展。公安推理能力培养的课程体系也应针对两方面的需要，在课程设置与安排、知识与能力培养中区别对待，并以此制订符合要求的人才培养计划，培养符合目标、满足实际工作需要的人才。同时，课程体系的建立能否实现培养目标，也成为对教育的质量和水平进行检验的评估标准。

公安院校的课程体系分为三大部分，即公共基础类课程、专业类课程和实践类课程，以此满足人才培养不同方面需要，这三类课程都涉及推理能力的培养。公共基础课培养基础能力，推理能力作为"全面发展的人"必备的思维能力，是有意识的思维，是公共基础课培养的核心能力之一。针对推理作为基础能力的课程，需要引导和强化的情况，公安院校可以在工科性质专业开设数学类课程，文科性质专业可以开设形式逻辑学。专业课要培养推理能力的专业性，专业课程与公安实践相关，是公安工作的经验总结。将推理的一般方法应用到公安实践中，需要将推理能力的专业性与基础性相结合。

通过公安专业知识的学习培养学生的推理能力，在课程的具体安排中应符合思维发展的逻辑顺序，在对公安知识及公安工作有一定认识的基础上形成概念，然后通过对概念的理解能够进行独立判断，最后形成推理。目前，对信息的处理、判断及推理能力培养已被公安院校写入公安信息化、网络安全等专业课程的人才培养目标中，是公安信息技术发展所需的重要能力。随着公安教育的快速发展，公安院校正结合公安机关各警种岗位能力的要求，以公安实战需求为牵引、以警种业务为重点、以能力培养为基础，积极加强警察职业不同岗位应具备的知识结构、技能结构方面的研究（谢海军，2009）。公安教育培养的人才最终还是要到实践工作中去，实践类课程兼备基础性和专业性。基于推理能力在公安工作中的普遍性和重要性，开展实践类课程便于大学生到实际工作中获得丰富的推理实战经验，再将逻辑思维应用到解决公安工作的具体问题中，从理论到实践、从实践又回到理论强化和促进推理能力的稳定发展。

6.2 公安院校高等数学课程

公安院校高等数学课程要遵循高等数学课程在人才培养中的共

性和一般性规律。高等数学课程的共性和一般性规律指数学教育在职业教育与普通教育中都具备的规律，如知识学习的规律、能力发展的规律，这些规律是高等数学课程人才培养的基础。同时，公安院校高等数学课程也要满足公安院校课程与人才培养的特殊要求，即满足公安院校性质特点与人才职业特色发展的需要。

6.2.1 公安院校高等数学课程兼具"高等性"和"职业性"

公安院校的高等数学课程，在公安院校由职业技能培训模式转变为学历教育模式，升为本科教育后陆续开设起来，主要开设在公安技术相关专业，如网络与信息安全、道路交通管理工程、刑事科学技术等专业。公安院校的高等数学课程作为通识类基础课，教授学生自然科学基础知识，培养学生分析和处理相关公安业务、解决实际问题的专业能力，使其掌握科学技术思维方法等。不同公安院校的高等数学课程在课时安排、内容选择、人才培养方面有较大差异。近年来，随着我国职业教育的发展，公安一级学科的建立，公安工作模式、方法和对高级专业人才的需要，公安教育的性质、层次发生了重要改变，公安院校已把高等数学课程作为基本素质培养的基础课程，以培养公安院校大学生数学能力。

公安院校高等职业教育的属性，决定了公安院校课程设置的基本准则也是"高等性"与"职业性"并重，培养高级人才应具备的综合素质，不再是单一的"警察"教育，而是转变为"人"的教育，让"高等性"和"职业性"深度融合，培养合格公安人才应该具备的数学能力，并将数学能力应用到公安实践中。因此，公安院校的高等数学课程，为培养高素质人民警察服务，培养满足人才发展需要的知识与技能。

第一，高等数学的知识培养。数学是基础性学科，是通识教育的核心课程，对学生思维的发展、理性的培养作用无可替代。高等院校为社会培养的高级人才，应具备科学的思维方式和文化精神，数学作为自然科学的"皇冠"，是其他科学研究的工具，因此数学也是一些专业必需的基础理论。具体而言，公安院校的刑事科学技术，是自然科学的客观真实和法学客观公正的统一体，自然科学的客观真实离不开数学的测量和计算（蒋占卿，2014）；网络安全技术依托于计算机和信息网络，计算机语言是数学语言，理解计算机语言、独立编写计算机程序、数据库的建立和信息的检索都离不开数学课程的学习（李排昌，2004）。公安院校向学生讲授高等数学课程，除了要教会学生理解、掌握高等数学基本知识，更主要的目的是希望学生能够灵活运用知识，学会用数学的知识与方法分析问题、解决问题，将数学知识运用到公安工作中。

第二，高等数学的能力培养。能力目标相对应的知识目标可分为两类。一是数学作为"学术课程"所应培养的学生的数学能力。"学术课程"指既有学术价值又有理论基础的课程，与职业教育的实践性和应用性形成对照（陈鹏，2014）。随着时代进步与发展，数学课程培养学生的能力已不只传统的三大能力，还在教学中培养学生一定的数据处理能力，用数学的方法分析、解决问题的应用能力，以及社会对当代大学生亟需的数学创新能力。二是数学课程满足学生职业发展的能力目标，即应用数学于公安实践的能力。这需要数学教师和专业课程教师协同工作，将专业课程的内容渗透到数学课程中，让学生能更好地胜任今后的工作（陈鹏，2014）。在具体公安数学教学中，对于刑事科学技术与侦查专业，教师在课程中要注意培养学生的逻辑思维推理习惯，以便数学思维和应用能力能运用在未来工作的预警研判和案件侦破中。网络安全专业的学生，要将数学和计算机充分结合，用计算机对现实问题进行模拟，提高公安工作的先进性（王晓云，2007）。在公安院校数学课程建设中，也可以参考普通高校信息安全专业数学课程的经验，引入离散数学、模糊数学等课程作为专业基础课或选修课。同时，课堂中结合计算机，培养学生应用软件解决数学问题的能力。线性代数课程在授课过程中结合 MATLAB 软件，实现行列式、矩阵的相关计算，在概率论与数理统计课程中让学生进行简单基础的 Excel 数学实践操作，增加学生学习的趣味性，同时提高学生的独立思考及操作能力，加强数学实际应用能力的培养。

6.2.2　公安院校高等数学课程目标围绕个人成长与职业发展

课程目标是构成课程内涵的第一要素，决定了课程内容的设计及课程实施的进行，同时课程目标的实现程度和水平也是课程评价的准绳和依据（刘启迪，2004）。公安院校的课程，建立在公安内部对工作性质、工作内容、工作对象的职业技能的划分基础之上，还应对相应的知识与技能间的共性和特性区别对待。公安院校的高等数学课程目标的制定中也应包含个人综合能力培养和职业发展两要素，紧密围绕个人成长与职业的发展，培养掌握高等数学知识、具备数学能力，实现个人综合素质提高、满足今后公安工作发展需要的高素质专业人才。

公安院校高等数学个人成长与能力培养的目标与普通高校的课程目标相同。高等数学课程一直是我国高等教育中一门重要的基础课，在长期的发展过程中收获了丰富的成果和宝贵经验，课程的目标、内容、概念和理论得到了合理的调整和规范。知识培养包括事实性知识、概念性知识、程序性知识、元认知知识等，同时知识中也包括对知识的认知过程——记忆、理解、运用、分析、评价、创造（王小明，2011）。公安院校高等数学教师也要对课程所讲授的内容进行精选和设计，并对知识进行细化和分类。对于能力培养目标，主要是将综合职业能力作为技能型人才，特别是高技能人才的培养目标（赵志群，2008）。大学生应具备的一般能力，主要指一个人在现代社会中生存生活的综合能力，从事职业活动和实现全面发展的主观条件。公安院校高等数学课程培养的能力，结合国家本科教育质量标准对公安学与公安技术人才培养能力要求，应包括用数学的思想方法分析和解决问题的能力，信息接受和处理能力，以及不断学习的能力。

对于公安教育而言，作为高等职业教育的组成部分，应该明确课程目标与高级公安人才培养之间的关系，并在课程中建立这种关系。公安院校高等数学课程职业发展目标，与其他非公安人才目标不同，主要指满足公安工作需要的特殊目标。公安院校数学课程的特殊要求是指实现公安职业、公安教育与数学课程的融合，人才培养的出发点是职业能力，培养满足公安工作需要的高素质专业人才。数学科学是解决问题，或为数学对其产生重要影响的科学技术领域创造出多种提出问题和解决问题的技巧和方法（美国国家研究委员会，1993）。我国《义务教育教学课程标准（2022年版）》强调数学学习需以实践的方式，以基于生活世界、回归生活世界，使核心概念、数学规律应用于现实世界、服务于生活世界、改善和提升生活世界。学数学的目的是更好地用数学，高等数学课程应与公安实践相结合，重在提高学生应用数学知识解决公安工作中问题的能力。

  近年来，数学建模和数学实验成为高等数学的核心素养，主要目标是提高学生用数学的方法分析问题、解决问题的能力。应用数学能力解决问题为公安院校人才培养提供思路，而当前公安实际工作为数学能力的培养与应用提供机遇。现阶段的公安工作中，数学建模已应用在情报分析、警情分析、刑事科学技术等领域，有很多关于数学建模与实际问题相结合的尝试，希望在警力资源不足的条件下，优化警力配置、提高公安工作的效率。

  公安院校的数学课程，教师应设计能与所学数学知识结合的案例，结合学生的专业，鼓励学生独立思考，强化学生学数学、用数学的意识，并且在基层实习锻炼中进行充分的锻炼。公安院校的学生还可以通过数学实验，利用多种软件进行计算、模拟、分析，提高学生独立思维与操作能力的同时，充分发挥学生想象力和创新意识，增加学生学、用数学的积极性。例如，网络安全专业的学生将数学模型与计算机的结合，统计信息传播速度、途径、效率等，通过数学模型对信息进行科学的筛选，管控网络舆情，营造出积极的新闻环境和社会舆论；刑事科学技术专业学生用统计方法，通过脚印测量的方法确定嫌疑人；社区警务专业学生用概率论与数理统计方法，分析管辖区域内的人口数、流动人口数、报警数、案发率，用线性回归的方法建立数学模型，分析各变量之间的联系讨论辖区的治安情况，并通过结果进行预测，维护社区安全。

6.2.3 公安院校高等数学课程评价科学化

公安院校高等数学课程人才培养的目标是多样的，对高等数学课程人才培养的评价也应是多样的，通过对学生知识、能力掌握情况的评价检验课程目标是否达成。公安院校应改进数学能力评价的标准，更全面地评估学生的数学能力。

我国的教育，尤其是高等教育，长期注重知识培养，认为能力会伴随知识的发展而发展，当知识积累到一定程度，能力也会相应地随之提高。因此，在对学生学习的测量与评价过程中，也是以检验知识掌握的水平为主。当教育者发现知识与能力之间并不以正相关关系存在，而能力培养对高等教育更为关键时，能力培养就成为教育的新的焦点，但对于学生的评价仍停留在对学生已有与应有知识的测量上。所以，高等数学的考试千篇一律的一张试卷几道题，甚至对于操作性和应用性的知识检验，也毫不例外。知识测验的评价方式，对于学生能力的评估是片面的，甚至是不准确的，对于这些问题的解决，尤其是针对学生能力的测评，教师应根据课程的实际情况，选择科学合理的评价方式。

对于如何对推理能力进行测评，评价学生推理能力的水平、发展状况，应该因具体课程而异。数学能力属于思维，思维的形成与构成是复杂的，因此对思维的测量与评价也存在一定的困难。不能只从考试结论和测验结果判断学生数学推理能力水平，更应注重思维的过程。高等数学能力的评价，不一定非得用试卷的方法，应结合课程知识与能力培养目标，分别对两方面进行客观具体评价。对知识的评价，可以通过课堂提问、答疑、作业、测验情况，对学生知识学习情况进行了解。平时学习过程中，也可以让学生回答解决问题的方法，针对具体过程进行论述，阐述基本思想方法和解题思路，都可以作为对学生知识掌握的评价手段。对于能力的评价，可以让学生利用自己所学知识，解决具体问题，从而进行评价；也可以利用公安大数据，让学生参与到具体的执法办案中，分析数据，进行情报研判，得出趋势行情，给出综合建议；让学生利用已有数据进行简单的数学建模，利用数学模型解决公安工作实践中的问题；也可以让学生写实验报告、调研报告，参与科研讨论，提升数学的综合能力。

6.2.4 编制公安院校高等数学教材

公安院校高等数学课程目前选用的数学教材，都是国家高等院校通用教材，难度大、内容精，对公安院校学生来说有一定难度，同时公安院校由于数学课时数少，很难满足通用教材对课时的安排。公安院校高等数学课程地位、性质与人才培养的特殊性，要求公安院校发展自己的数学课程，根据自身需要，有针对性地编写高等数学教材、讲义，满足学生学习的需要。编写有公安特色的教材或讲义，既可以调动学生学习的积极性，也有利于学生数学应用能力的提高。

公安院校的高等数学课程包括高等数学（微积分）、线性代数及概率论与数理统计，其中高等数学课程是线性代数和概率论数理统计的基础。公安院校编写的教材，首先要适合自己的教学特点和需要，由于课时数量的限制，应将内容进行适当选择，内容上在满足知识体系的基础上有所删减，同时满足课时、教学计划及学生学习的需要，突出精讲原则。可将一部分内容安排为自学，或者选学模块，让学生根据自己的实际情况，组成学习小组进行学习。学生能够自己学习、完成的内容，应当给学生充分的自主性，教师要调动学生在学习过程中的积极性。同时，公安院校学生的数学基础较弱，教材、讲义的编写应挑选符合学生学习能力的例题和作业，满足精练原则，在课堂练习和课后作业中，加强对学生独立思考、自学能力的培养。

公安院校的高等数学教材、讲义的编写还应突出公安特色。除了满足基本的知识培养目标，更应该以应用为主，与公安实践相结合。数学知识在公安工作中的应用，不单是纯粹的数学知识，而是以数学的思想方法为主。早在1986年，李从珠编写了公安机关内部发行的《统计方法在刑事技术中的应用》一书，成为公安院校中数学结合公安工作的经典教材。该书介绍了统计方法在刑事技术中的应用，为公安机关侦破案件提供了新方法，比如通过假设检验的方法与犯罪现场留下的步长和步角进行比对来确定犯罪嫌疑人，为刑事科学技术提供了有效工具。北京警察学院刘长文编写并在2016年出版适于公安院校学生使用的《概率论与数理统计应用》教材，教材中对课程的引入、问题的解决、例题的编写尽可能与公安实际工作相结合，难度适中符合公安院校学生学习的需要，教材的内容结合公安院校的基本课时量，适合34~68课时，内容选择有一定的弹性，可以根据需要进行内容选择，并且教材将具体内容与Excel具体操作进行结合，便于教师指导学生学习。教材在初步使用过程中，受到学生喜爱。目前公安院校还没有自己的高等数学教材，随着公安教育对数学能力培养的重视，以及公安院校高等数学课程的发展，适合公安院校人才培养模式的高等数学教材会逐渐发展起来。

6.3 公安院校高等数学课程与推理能力培养

个体无时无刻不在体现自身的逻辑判断与推理意愿，而教育的根本目的就是通过课程强化并发展这种能力。对推理能力培养而言，课程目标就是传授个体推理的方法以提高推理的准确性和效率，这需要具体方法来实现。

6.3.1 公安院校高等数学课程与推理能力培养要注重思维训练

高等数学课程被看作训练智力的典型的逻辑学科，具备训练思维的功能是合情合理的（杜威，2015）。公安院校的高等数学课程应遵守数学教育自身的规律，此规律包括了高等数学知识与内容的规律、授课对象思维发展的规律、知识与能力培养的规律等。但公安工作的特殊性，使公安人才具有特殊性，也决定了公安院校人才培养模式、课程体系的特殊性，而这些因素都在一定程度上影响了公安院校的数学课程，使其与学术型或者应用型的高等院校的数学课程有较大不同。作为高等职业教育，公安院校的数学课程应使这些因素和谐统一。因此，对于公安院校的高等数学课程而言，推理能力培养注重思维训练的三个方面：一是在概念的指导下，培养学生严谨的思维方式与论证思想；二是在分析问题、解决问题的基础上，培养学生良好的逻辑思维能力，为学生提供获取间接知识与探索新知识的逻辑工具；三是培养学生勇于探索、积极创新的思维能力。

推理的过程总是离不开概念和判断,强调学生对概念的理解,是进行判断和推理的关键。高等数学概念抽象、逻辑性与联系性较强,难以理解,如何把抽象的概念直观化,是训练学生建立演绎推理与合情推理相互联系的重要方法。理解高等数学的概念过程培养学生逻辑推理的严谨性,而采用什么样的方法理解概念,则需要一定的合情推理。同时,学生对概念的推理也可以培养学生论证思维过程的能力,即使是错误的推理结果,也可以反映学生在概念理解及通过概念进行判断中的不足,并最终指导学生对概念进行更完善的理解、演绎及论证共同促进思维的发展。

在高等数学课程中,应注重学生推理能力发展的特点。事实上,正是因为对课程内容及性质存在偏见,所以导致高等数学课程会过分侧重某些环节;而如果过分追求抽象,脱离具体实践,容易出现脱离实际的问题。概念的特性往往使其被认为是注重抽象能力训练和思维培养的重要部分,而例题、练习题是针对概念的应用,通过概念分析问题、解决问题,是对概念的进一步推理,对数学推理能力培养具有更好的效果。也有一些观点,认为推理是抽象的,概念是抽象的,而例题是具体的,建立概念与推理之间联系的,是完整的思维过程。正如抽象和具体密不可分,思维与技能同样不可分割。知识本身,无论其具有什么特点,属于何种类别,其只是已经获得并储存的学问,但知识积累、智力发展与能力培养需要建立在应用的基础上。思维不能在真空中运行,知识的重要性在于应用,头脑必须具备驾驭、转化知识的能力,能够将知识与技能结合起来的能力才是能运用知识指导、改善生活的思维能力。因此，高等数学课程要将概念与习题相结合，将思维培养与能力应用相结合，在思维发展过程中获得知识，才能具有逻辑使用价值，在充分利用抽象性的同时，要将抽象知识与实际问题相结合，既有利于个体消化抽象，也使抽象具有逻辑的使用价值。

数学思维的形式是主观的，但数学思维的内容是客观的，因此思维具有间接性特点，大脑感知外界的事物，经过对背景材料进行思考加工，形成个体的认识。外部因素都是思维活动的物质条件，可以促进思维充分展开，引发大脑的充分思考，提高思维的积极性。我国的大多数大学生思考问题的方法比较局限，作为高等数学课程，由于其内容高度抽象，更需要激发学生深层次思考，提高创新思维的能力。在高等数学课程中，既不能提问过于简单的问题，让学生失去思考的兴趣，也不能提问过于复杂的问题，让学生失去思考的动力，而应针对学生的思维水平，启发学生勇于用掌握的概念和方法，充分发挥思维的主观能动作用，让学生参与到思考的过程之中，勇于探索、积极创新。

6.3.2 公安院校高等数学课程与推理能力培养要强调针对性

只教授事物而没有思维，只有感官知觉而没有与之相关的判断，这是最不符合自然本性的（约翰·杜威，2015）。思维是一种主观意识，需要学生的积极参与才能获得提高和发展，因此推理能力的培养需要有相应的指导方法，对课程的内容进行安排和设计，让学生获得推理的方法。每一种能力的培养，都需要根据不同课程的特点，设计相应的培养方法。课程的设计应该对具体的能力培养有明确针对性，对推理能力培养的设计应结合课程与能力二者之间的联系。目前，高等数学课程传授给学生的是经验性的材料，如概念和例题。这种详尽的、被实践验证过的经验性知识对学生产生的是一种带有教条性和被动性的刺激，会压制学生的想象力和创造力，无法引起学生好奇心和亲身实践、探讨的兴趣，这对于学生推理能力的发展是严重阻碍。推理是积极、主动的思维方式，需要较强的主观能动性。

高等数学课程与推理能力培养，首先是针对知识，尤其是概念的学习。因为高等数学知识抽象而难理解，理解抽象本身就是一种能力。思维都是从直观、具体开始的，当思维达到一种更深层次的理解，就是抽象的；反过来，当思维作为一种解决问题的手段，去理解超乎自身之外的现象或知识，就是具体的。抽象是理论性的，个体在学习过程中，都是由具体的、实际的问题开始，当理解、接受具体事务后，会上升成为一种抽象理论（形成概念）储存在记忆中，目的是为今后思维的唤起做准备。抽象使数学变得简单，富有逻辑与条理，因此有利于学生更好地理解数学知识的层次性与结构性，以及更好地把握数学知识的本质。高等数学的概念都非常抽象，这种抽象的含义不仅是概念无法与客观实际产生具体的联系，同时表现为高等数学的概念处于运动的过程。因此，高等数学课堂应注重学生对学习知识相关概念的理解，建立抽象概念与几何直观、物理直观的联系，让学生通过已知了解未知。能力培养不能与知识学习割裂，应建立在知识学习的基础上，通过知识学习转化成能力。高等数学培养学生的推理能力，是使学生在逻辑推理的基础上理解概念，在合情推理的基础上理解思想方法，并在理解的过程中提升高等数学的推理能力，这两种推理能力都需要建立在模仿和反复操作的基础之上。概念是纯粹的数学推理，主要是纯演绎的推理，与实际生活有较大差异，但在具体学习中会不自觉地与实际生活或已有概念进行联系，这就是数学式的推理，或者数学推理的思维及方法。由于数学的抽象旨在寻找事物共同的、本质的属性，因此针对概念的学习利于学生养成从更一般意义和方法上思考问题的习惯，进而发展概括抽象能力，提升理性思维水平。

高等数学课程最重要的目标是培养学生解决问题的能力，有针对性地培养学生高等数学思维方法，使其能够应用数学解决实际问题。能力是一种稳定的心理特征，在培养过程中需要经过漫长的时间发展。在对学生能力培养过程中，能力培养需要反复实践、反复强化。为了培养公安院校大学生良好的数学推理能力，要有针对性地对其数学推理能力进行训练，使其思维稳定下来并成为解决问题固有的思考方式。

在高等数学问题解决的过程中，通常会碰到两种情景，一种是确定性情景，个体在以往经历中实践中碰到过相似甚至相同的情境，可以根据以往经验作出确定性判断，进行决策。高等数学与初等数学研究的具体内容不同，但是思考问题的方法、思维模式有一定的相似性，如函数的思想，初等数学函数思想研究函数直观的性质，高等数学研究函数极限、导数的性质，可以将高等数学与初等数学建立联系，利用已有的思想方法进行推理。另一种是不确定情境，个体没有相似经验，在判断过程中需要个体的理性推断。高等数学研究的变量不再是静止不变的，而是不断变化的，而且是现实生活中不存在的现象。由于没有相关经验，这种推断就是一种推理的过程，需要根据获得概念对以往经验进行迁移、转化，将未知与已知建立相关联系，运用一定的思考方法进行判断，形成新认知，并最终作出决策。例如，函数连续性需要用到导数概念，导数概念建立在函数极限概念上，对于函数连续性问题的学习需要直观到具体函数图像，联系极限与导数。这样的思维方式需要不断学习及重复训练，并不断对学生强化，直到学生进行判断或作出决策成为一种习惯，推理能力就可以形成了。

综上所述，高等数学课程的目的和意义就是培养学生良好的思维方式，推理能力及应用推理解决问题能力的培养要有针对性：一是注重对概念的理解，掌握推理应具备的基本特征和推理的方法；二是将积极应用推理分析问题、解决问题的能力培养成一种习惯，使学生在思考解决问题过程中，根据需求和倾向，形成基本的推理过程。

6.3.3 公安院校高等数学课程与推理能力培养要加强与公安实践相结合

思维和智力之间存在一种紧密联系，智力的构成中包含思维能力，而思维能力体现了个体思维的水平，推理被认为是衡量个体智力差异的重要指标。斯滕伯格提出智力的三元理论，成功的智力包括三方面，分别是分析性智力、创造性智力和实践性智力，并在此基础上提出思维三元论，人的思维分为分析性思维、创造性思维和实践性思维。分析性思维用来思考解决问题的方法并进行判断，包括分析、判断、评估、比较、对比和检验等思维活动；创造性思维用来产生更好的想法，包含创造、发现、想象和假设；实践性思维是将已进行判断的思想方法通过行之有效的方式实施，包括实践、使用、运用和实现。斯滕伯格认为，实践性思维需要有良好的分析性思维和创造性思维做基础，而正确积极的推理是分析性、创造性思维的基础。思维的最终目标是实践，实践的出发点是解决问题，人具备的分析性智力、创造性智力和实践性智力都是为了更好地解决问题，并以此实现自我价值和创造自我价值（斯滕伯格，1999）。

每个人每日、每时都需要对他没有观察到的事实辨识真伪，产生这种需要的动机并非泛泛的博闻强识，而是关乎利益和前程（穆勒，2014）。推理在生产、生活，特别是思考问题、解决问题中占有重要的地位，可以将推理能力与个人的发展结合起来，公安院校数学推理能力培养应与公安工作结合起来。技术的革新与社会的快速发展，高科技智能犯罪率的逐年上升，以及高科技信息技术在公安工作中的应用，公安工作的实际内容发生了巨大改变，网络安全、安全防范、公安情报成为新兴的专业，与此同时，老牌的专业如治安、侦查与刑事科学技术也在不断发生改变，这导致公安人才培养的思路也须随之改变。

公安工作中每一项具体任务都有特定的逻辑，刑事侦查有刑侦逻辑，执法办案有办案逻辑，推理能力的培养首先应遵从事情的特定逻辑原理。课程培养与工作实际之间有区别也有联系，课程对推理能力的培养应结合高等数学课程的特点进行设计，把推理抽象成一般方法，培养学生应用推理解决问题的习惯。对数学推理能力的培养，要结合高等数学课程的具体内容，教授学生进行正确推理的具体方法。

高等数学课程培养学生数学思维方法的目的就是解决问题，能够进行合理判断。有了良好的理性思维，可以尝试将数据分析能力、数学创造能力及数学应用能力与公安实际工作相结合。如情报分析中的统计学知识、交通工程中的线性代数知识、多元函数偏微分知识、网络安全中的离散数学知识，这些数学知识既为后续专业课程学习奠定基础，也为学生解决实践问题提供思想方法。推理能力也是数学的思想方法，数学课程对学生逻辑思维的培养有学科的独特优势，首先，数学的知识与内容本身就是逻辑的，在学数学课程的同时就是在培养逻辑思维；其次，学生的数学学习具有良好的连续性，而对学生数学能力的培养也同样具有这样的连续性；最后，数学的知识虽然抽象复杂，但是比起其他培养逻辑推理能力的课程，如哲学、逻辑学还是更容易接受和理解的。

6.3.4 公安院校高等数学课程与推理能力培养中要充分发挥教师的作用

很多人认为，虽然思维是主观能动的，但人不喜欢思考，甚至因为不愿意思考而喜欢重复做同样的事情，因此在缺乏外部有效刺激的情况下，有效学习无法产生（韦特海默，1987）。在此结论上，教师对学生思维训练的引导作用变得尤为重要，教师的教学在一定程度上影响学生思维水平的发展（Sternberg，2003）。教师在人才培养中的地位与作用，经历了从赫尔巴特的"教师中心论"，到杜威的"儿童中心论"，再到后现代主义教育论中将教师看作"平等者中的首席"，教师成为课堂主导，通过课程与设计实现刺激与指导的有机结合。公安院校高等数学课程教师是学生数学学习的组织者与引导者，作为职业院校的教师，基本职责是辅助学生进行知识学习，激发思考并在学习中促进职业技能发展。

（1）激发学生的推理热情。

为了调动学生推理的积极性，教师应首先激发学生思考的兴趣。教师的一个重要作用是通过教学传授知识，传授知识的真正目的不是让学生获得知识，而是在学习知识的过程中学会思考，形成良好的思维习惯、培养良好的思维方法。这需要教师在教学过程中，依据思维发展的条件，充分发挥思维的特性。高等数学课程传统的灌输式教学模式容易造成学生思维的懒惰，抑制学生思维的发展。教师可以通过让学生在课堂上讨论、思考理解知识，使其成为知识信息加工的主体，而不是被动的接受者，从而调动学生学习的积极性和热情，教师可以不讲或者少讲，只对推理的过程进行必要的引导，注重思维过程而不单是推理的结果，局限于对错。要为学生进行推理创造条件，学生思考和解答的过程就是推理的过程。数学教师要让学生明确逻辑思维、推理的重要性。

（2）引导学生积极推理。

在传统课程中，教师在有限教学时间内要讲的内容很多，让学生进行思考会浪费宝贵的课堂时间。但是当教学目标从以传授知识为主调整为以能力培养为核心时，就必须改变教学方法，提高教学效率，以保证学生能够根据教师所提问题独立思考，寻求问题的答案。对于问题的设立，教师应该进行合理设计，同时问题的提出在课程学习、能力培养过程中要有一定的针对性。为了促进学生思考，教师可以采用问题驱动式教学方法，以问题带动学生思考来替代教师的讲解。教师应该对学生思考给予一定的帮助和引导，对学生思考的答案应予以一定的鼓励。对于学生推理能力的培养，教师应多采用启发式教学的方法，培养学生严密的逻辑思维及合理的推理方法。启发式教学模式对推理能力的发展更有优势，启发的过程是合理解决问题的过程，也是学生正确进行思考的过程，通过启发式教学，可以避免学生在思考过程中走弯路，或者异想天开。教师采用启发的方法也可以多种多样,强调或进一步加深概念的理解,纠正判断的方法和判断的结果,将抽象变为具体,把复杂的问题简单化,都是启发的方法。教师应在具体实践中,建立新旧知识之间的联系,创设教学情境,培养学生的推理能力。

(3)正确理解推理在公安工作中的意义和价值。

对于公安院校大学生来说,发展推理既是思维发展的需要,也是公安职业发展的需要。对于教师来说,应在教学过程中让学生了解推理的价值和意义,正确认识推理。公安工作中推理的重要意义在于,获得有利证据进行审慎而有目的的行动,避免冲动和盲从。在案件侦破过程中,公安人员通过合乎逻辑的推理可以对行动结果具有判断性和预见性,尽可能预防、避免产生伤害,对于效果有利的情况和结局则会尽可能地广泛利用和充分发展。

同时,公安推理是在已知条件的基础上展开的,随着思维的不断深入和去伪存真,推理的准确性会不断提高,对于案件真相的探索越来越接近客观本质,并且这种循序渐进的发展是没有限度的,推进社会治安、公共安全的不断发展。教师要在授课过程中鼓励积极、合理的推理。但是,推理并不总是正确合理的,对于公安机关而言,错误的推理造成的后果不可挽回。因此,教师要让学生理解,推理的条件极为严苛,虽然满足定义、性质的要求,已知前提正确的推理结论不一定真实,但已知条件错误的推理必然是错误的。正确的推理必须建立在前提正确的基础上、克服人类思维中极易出现的弊端、采用恰当合理的推理方法、积极客观的社会环境,才能克服困难、解决问题。所以，在学习过程中，教师应让学生树立正确对推理及推理指导训练的认识，谨慎对待。

（4）实现学生推理的价值。

教师要在思维训练过程中，帮助学生实现推理的价值。在推理能力培养实施过程中，教师要为学生推理进行示范。推理的逻辑和过程必须严格规范，才能获得正确的推理结果，实现推理的价值。如果教师在讲述中言语不严谨，推理方法不规范，推理过程不精细，会对学生造成不良影响。教师要对学生思维现状进行判断，有利于帮助并指导学生将一种经验带到另一种经验中去，促进学生积极的推理结果的发生。同时，推理的结果需要检验。在检验结论的过程中，对未知问题得到结论的检验依然需要推理。检验也可以近似看成思维的反省，对检验的训练，是一种逻辑性训练。推理的结论从具体问题中产生，在检验过程中依然会回到实际问题中去，若结论使得原情景变得有秩序、稳定而条理清楚，个体就会接受推理的结论。只有通过检验的推理，才能实现推理的价值。最后，对于推理的价值而言，还要考虑到推理能力与公安工作的联系，知识与知识的应用对公安数学课程与推理能力培养产生着重要影响，通过知识理论学习及思维方法的锻炼，解决公安实践中的问题，才是真正实现了推理的价值。通过推理，在风险的防范及案件的侦破过程中，让学生认识到推理能力是一项可以得出有效、可靠结论的综合能力。

第 7 章 研究结论与反思

7.1 研究结论

7.1.1 公安院校大学生数学推理能力的培养

对公安院校大学生数学推理能力培养的调查,主要通过对四所公安院校以培养方案、课程大纲、课程教学实施计划等档案为主的文本资料,以及与公安院校教师、学生的访谈和对话资料进行调查,进而总结出人才培养模式、高等数学课程与推理能力培养之间的关系。

(1)公安院校的性质与人才培养模式决定公安院校必须加强大学生数学推理能力的培养。

从公安院校的人才培养模式上来说,公安院校为培养高级专业警察提供个人发展需要的综合素质与职业技能。公安教育为公安工作培养高级专业人才,是我国高等职业教育的重要组成部分,具有"高等性"与"职业性"双重特性。其中,公安院校人才培养的目标是培养满足公安工作所需要的具备良好职业素质和警察意识的职业警察。公安院校人才培养的规格是以本科学历教育为主，构建完备的人才培养体系，以培养高素质、高技术、高质量人才。公安院校人才培养方式是在基础课程下提高人文修养，培养综合素质，在专业课程体系下进行扎实基础的专业训练，在参与社会实践的基础上长时间、全方位培养人才。公安院校的性质与人才培养模式要求公安院校教育培养大学生良好的基础素质，数学推理能力作为高级人才应具有的重要的综合素质，应加强培养。

（2）公安工作对基本职业素养的要求决定公安院校必须加强大学生数学推理能力的培养。

公安院校的教学紧密围绕公安院校的课程体系，促进基本素质与职业技能的融合。推理能力在公安工作中的重要作用，使其成为公安院校人才培养中着重培养的能力。随着公安工作模式的改变，公安院校大学生推理能力的培养受到广泛的关注和重视，但是存在推理能力培养目标不明确，过于重视推理知识，忽略推理技能训练等问题。推理能力既是公安院校的基本技能，也是专业技能。公安院校不仅要培养大学生掌握科学有效的推理方法，更要培养大学生良好的推理习惯。基础类课程、专业类课程及实践拓展课程都需要培养推理能力。大学生推理能力，是高等教育人才培养所必需的基本素质，更是职业发展的根本需要。

（3）公安院校高等数学课程"高等性"与"职业性"决定数学推理能力需兼顾综合素质与职业能力。

公安院校人才培养模式的"高等性"与"职业性"决定了公安

院校高等数学课程也需兼顾"高等性"与"职业性",从人才综合素质与职业基本能力两方面培养大学生数学推理能力。高等数学课程在人才综合素质能力培养中的重要性不断提高,大学生数学推理能力培养也有所提高。高等数学课程的"职业性"要求公安院校培养的数学推理能力应具有应用性,解决公安工作的实际问题。公安院校高等数学课程的特殊性对大学生推理能力培养产生一定的影响,课时数量少的特殊性要求公安院校大学生数学推理能力的培养需要方法和指导。

7.1.2 公安院校大学生推理能力水平研究

公安院校大学生数学推理能力现状调查主要从瑞文推理测验、问卷调查与访谈三种途径进行研究。

(1)瑞文推理测验结果:公安院校大学生推理能力水平较高,但高级推理能力仍需提高。

在瑞文推理测验中,笔者分别从瑞文标准推理测验和瑞文高级推理测验两方面对公安院校大学生推理能力进行测量。瑞文标准推理测验限时30分钟,从测量结果中看,三个省(市)四所公安院校的平均成绩最高54.44,最低51.05,存在显著性差异。从四组题目分析,随着题目难度增大,得分率也逐渐降低。瑞文推理测验的结果与文理数学成绩都没有明确的相关关系。工科与文科学生的瑞文标准测验成绩稍高,但并没有显著性差异。本次瑞文标准推理测验的平均成绩均高于我国常模。在瑞文标准推理测验基础上,又进一步进行瑞文高级推理测验,限时40分钟。在测验的9个小组中,A学校2015级文科专业测验平均成绩最低为22.18分,B学校2015级工科专业测验平均成绩最高为26.2分。瑞文高级推理测验结果与高考数学成绩并没有明确的相关关系。工科的测验结果比文科的测验结果略高,但不具显著性差异。

(2)公安院校大学生数学概念学习需要加强,推理方法掌握不足,推理习惯需要培养。

笔者通过问卷调查的方法,对公安院校大学生数学推理能力水平进行调查。调查结果显示,公安院校大学生在思维发展中,以记忆和模仿的方法为主,在推理中采用相似性推理和记忆性推理等比较初级的推理。对学习高等数学课程目标、数学知识重要性的认识不足,导致学习意愿和数学能力处在初级水平。学习数学的动机、兴趣、情感态度及自我价值和效能总体来说处于较低水平。在数学推理能力水平的现状调查中发现,当前公安院校大学生学习高等数学课程主要是为了通过考试。对学生推理习惯及高等数学学习方法的调查结果显示,学生主要通过大量试题练习的方法,尽可能多地掌握相关题目的解题方法。但是在学习中,学生不愿意也不善于思考,更多的是被动接受教师讲授的内容,并且教师针对推理能力培养的教学设计不足。

(3)公安院校应制定满足公安专业人才培养需要的高等数学课程,进一步提升学生的数学推理能力。

在有关公安院校大学生数学推理能力水平的访谈中,大学生认为：与职业发展相关的专业课程培养的知识与技能对自己更有帮助，而数学课程与数学推理的相关作用不明显；数学推理能力无法应用到具体工作中，数学推理与案件侦查所需要的推理不同；高等数学学习的主要目的是通过考试，考试过后所学内容很容易忘记；课堂上学习主要是记忆教师讲解的知识，思考不足。公安院校毕业生认为，推理能力对公安工作有重要意义，现在数学推理也有大量应用，公安人才需要培养其数学推理能力。公安院校的数学教师认为推理能力是可以培养的，但如何调动学生学习的积极性并不容易。公安院校的学生并不重视高等数学的学习，多数学生对自己的要求就是考试合格。公安院校高等数学地位特殊，课时严重不足，课堂上没有时间开展互动，教师一个人主讲，无法给学生充分思考的时间，对推理能力培养造成一定影响。公安院校数学教师认为，公安院校的高等数学课程需要进一步发展，适合公安院校高等数学课程与公安人才培养的特殊性，与公安工作进行结合，以便更好地将数学推理能力与个人发展结合起来。

7.1.3 公安院校高等数学课堂与学生推理能力培养建议

公安院校大学生数学推理能力的培养，要建立在以高等职业教育为背景的人才培养模式下，结合公安工作所需人才素质对推理能力的基本需求，以满足公安院校大学生未来职业和生活发展为目标，促进人才的全面发展。

（1）公安职业能力的需要决定公安院校推理能力的培养。

推理能力对于公安职业的重要作用，决定公安院校需要培养大学生的推理能力。在公安院校人才培养中，推理能力是基本素质，是思维的关键阶段，是获得新知识的基本途径，是公安高级人才的必备能力。推理能力既是公安院校人才培养的基础能力，也是专业能力。公安院校推理能力培养的目标是传授科学有效的推理方法，培养良好的推理习惯。公安院校课程体系中公共基础类课程、专业类课程和实践类课程，都涉及推理能力的培养，强化和促进公安院校大学生推理能力的稳定发展。公安院校的高等数学课程担负培养大学生推理能力的重要责任。

（2）公安院校高等数学课程需要兼具"高等性"和"职业性"。

本科层次的公安院校要培养具有良好综合素质和专业技能的高级人才，培养高层次、高质量的人才。公安院校高等职业教育的属性，决定了公安院校的课程设置的基本准则是"高等性"与"职业性"并重。因此，公安院校的高等数学课程为培养高素质人民警察服务，培养满足人才发展需要的知识与技能。公安院校向学生讲授高等数学课程，要教会学生理解、掌握高等数学基本知识，也要学会用数学的知识与方法分析问题、解决问题，将数学知识用到公安实际工作中；公安院校高等数学课程培养的能力，要满足学生职业发展的能力目标，解决公安的实践工作。

（3）建立高等数学课程与推理能力培养的联系。

数学推理能力是推理能力的组成部分，公安院校数学推理能力培养的目标包括培养推理所需的基本知识，促进推理方法、习惯及推理具体应用能力的发展。公安院校应加强推理能力的培养，注重在高等数学课堂上对推理能力进行培养并改进数学推理能力的评价标准，更高效、更合理地培养公安院校大学生的数学推理能力。公安院校高等数学课程与推理能力培养需要方法，要结合高等数学课程特点，注意数学推理能力培养的方法，培养良好的推理习惯。公安院校高等数学教师在数学推理能力培养中有重要作用，要对课堂进行设计，鼓励学生进行积极推理，激发公安院校大学生进行数学推理的热情。

7.2 研究反思

我国公安院校开展本科学历教育起步较社会院校稍晚，对于数学课程、数学能力的培养也是近几年才开始进入摸索、尝试，还没有相对完善或已成形的模式、研究可以参考。本书是第一次对公安院校的数学课程、数学能力（推理）进行研究，可能存在不足之处还需在实践中不断检验。

我国有30多所公安院校，分布在不同地区，各地社会发展的差异性、公安工作的差异性使得公安院校间的人才培养有较大的差异。本次研究只选取三个省（市）四所公安院校，从研究的数量上来说不够充分，并且四所院校具有一定的同质性，因此研究的结论具有一定的特殊性。对于公安教育正在起步阶段的省（市）的公安院校，以及一些具有特色的公安院校，如刑警学院、森林警官学院、铁道警察学院的人才培养及课程设置可能与本书的研究有一定不同，数学推理能力培养也有差异性，相关研究还需进一步补充。

当前公安工作发生深刻变革，公安教育也随之调整。在本书撰写过程中，公安信息化、公安大数据的相关应用已经广泛开展起来，对数据的处理和分析及在此基础上进行研判，需要进一步加强数学推理能力的培养。职业教育的最大特点，在于人才培养紧跟职业发展需要，但也有一定的滞后性。大数据理念已在公安实践工作中应用，但大数据相关专业、人才培养方案、课程设置尚在讨论之中，等到大数据专业开设起来再培养人才，进行能力培养，对职业发展来说怕已来不及。当下能做的，就是在已有课程与能力培养条件下，加强推理或是数学推理能力的培养。作为公安院校数学能力培养载体的高等数学课程与数学推理能力培养之间的关系还需引起重视并进一步加深对其重要性的认识。

本书研究之初，为了研究需要，组建了全国公安院校数学教师群，得到不同公安院校数学教师的鼎力支持，参与的有中国人民公安大学、湖北警官学院、浙江警察学院、辽宁警察学院、湖南警察学院。随着研究的深入，江西警察学院、新疆警察学院、山西警察学院、山东警察学院、福建警察学院、江苏警察学院、云南警察学院、吉林警察学院也有参与，高等数学教育教学联盟也呼之欲出，共同研究公安数学教育的发展。随着国家对职业教育关注力度的加大，公安技术一级学科的发展，公安教育人才培养思路、方法的提高，数学推理能力培养在公安院校中会不断得到加强，数学推理的相关研究也会获得更大发展。

参考文献

阿特金森, 2003. 逻辑十九讲 [M]. 李奇, 译. 北京: 新世界出版社.

包成, 2016. 关于省属公安本科院校专业建设路径的思考——基于对院校专业设置情况的分析 [J]. 新疆警察学院学报, 36 (1): 63.

波利亚, 2001a. 数学与猜想: 第一卷 [M]. 李心灿, 王日爽, 李志尧, 译. 北京: 科学出版社.

波利亚, 2001b. 数学与猜想: 第二卷 [M]. 李心灿, 王日爽, 李志尧, 译. 北京: 科学出版社.

博格西昂, 2015. 对知识的恐惧——反相对主义和建构主义 [M]. 刘鹏博, 译. 北京: 译林出版社.

曹广福, 叶瑞芬, 2008. 谈谈高等数学教材内容与体系的改革 [J]. 大学数学, 4 (1): 1.

曹荣荣, 2011. 理工科大一学生高等数学思维的研究 [D]. 上海: 华东师范大学.

陈亮, 张扬, 黄一宁, 等, 2010. 公安情报的贝叶斯推理机制研究 [J]. 山西大学学报(自然科学版), 33 (1): 63-66.

陈鹏, 2014. 职业教育学术课程与职业课程整合研究的回顾与前瞻

[J].职业技术教育,35(1):32-37.

陈鹏,庞学光,2014.学术课程、职业课程及其整合的概念解读——职业教育的视角[J].全球教育展望,4(5):20-25.

陈侠,1989.课程论[M].北京:人民教育出版社.

陈向明,2014.质的研究方法与社会科学研究[M].北京:教育科学出版社.

陈映萍,王昌成,1999.面向21世纪高等数学教材改革的实践与认识[J].西南师范大学学报(自然科学版),4(2):115-118.

程祖德,2007.高等数学教学中的学生技能和能力培养之研究[J].经济师,4(4):143-144.

翟洪昌,1999.瑞文高级测验国家公务员测验结果的分析[J].心理学报,4(2):169-170.

董奇,2010.心理与教育研究方法[M].北京:北京师范大学出版社.

董毅,周之虎,2010.基于应用型人才培养视角的高等数学课程改革优化研究[J].中国大学教学,4(8):54-56.

董泽芳,2012.高校人才培养模式的概念界定与要素解析[J].大学教育科学,4(3):30-36.

杜国平,2009.逻辑思维能力测验形式分析[C].中国逻辑学会成立30周年纪念大会:330.

范士青,刘华山,2016.瑞文高级推理测验作答反应的潜在类别分析[J].心理学探新,36(3):257-263.

范自强,陈满乾,2010.论高等数学教材改革的必要性[J].中国电力教育,4(15):92-94.

费多益,2012.认知视野中的情感依赖与理性、推理[J].中国社会科学(文史哲版),4(8):34.

冯廷勇,李红,2008.类比推理发展理论述评[J].西南大学学报(社会科学版),4(4):44-47.

冯秀梅,包雷,余子侠,2013.中美大学生科学推理能力的性别差异探讨[J].高等教育研究,34(7):70-74.

弗赖登塔尔,1995.作为教育任务的数学[M].陈昌平,唐瑞芬,译.上海:上海教育出版社.

弗雷格,2007.算数基础[M].王路,译.北京:商务印书馆.

付夕联,张玉峰,2013.极限概念教学的系统分析[J].数学教育学报,22(1):83-87.

耿飞飞,2014.教学视域中知识与能力关系之历史演变和深化研究[J].陕西师范大学学报(哲学社会科学版),43(3):166-171.

耿俊茂,2006.大学生能力素质结构优化对策[J].改革与战略,(8):95-97.

巩建闽,萧蓓蕾,2011.基于能力培养的课程体系设计框架案例分析[J].高等工程教育研究,4(1):132-137.

郭元祥,2009.知识的教育学立场[J].教育研究与实验,4(5):1-6.

郝文武,2014.知识教学促进能力发展的复杂关系和有效教学方式[J].陕西师范大学学报(哲学社会科学版),43(3):157-165.

黑格尔,1996.逻辑学:上卷[M].杨一之,译.北京:商务印书馆.

胡弼成, 2004. 高等学校课程体系现代化研究 [D]. 厦门: 厦门大学.

胡典顺, 2009. 数学: 意义的领域——数学教育的哲学审视 [D]. 武汉: 华中师范大学.

胡泰来, 1995. 浅谈高等数学概念教学与知识传授和能力培养的统一 [J]. 中国电大教育, 4 (2): 59.

华东师范大学哲学系逻辑学教研室, 2009. 形式逻辑 [M]. 上海: 华东师范大学出版社.

黄福军, 2013. 基于实践能力培养的高职高等数学课程构建 [J]. 职业技术教育, 34 (20): 13-15.

黄伟力, 2013. 推理与思维训练 [M]. 上海: 上海交通大学出版社.

姜大源, 2011. 中国职业教育发展与改革: 经验与规律 [J]. 职业技术教育, 32 (19): 8, 70, 75.

蒋青, 2009. 高等数学教材建设的思考 [J]. 大学数学, 25 (5): 198.

蒋占卿, 韩伟, 2014. 刑事科学技术基本原理探究 [J]. 中国人民公安大学学报, 20 (4): 19-23.

金岳霖, 1979. 形式逻辑 [M]. 北京: 人民出版社.

雷曼, 2010. 逻辑的力量 [M]. 杨武金, 译. 北京: 中国人民大学出版社.

李昌官, 2017. 数学抽象及其教学 [J]. 数学教育学报, 26 (4): 61-64.

李德顺, 崔唯航, 2009. 哲学思维的三大特征 [J]. 学习与探索, (6).

李定清, 2006. 试论高等职业教育人才培养模式 [J]. 高教探索, 4 (6): 64-65.

李金珠, 2015. 如何在数学课堂中培养学生逻辑推理能力 [J]. 中小企业管理与科技（下旬刊）, 4 (1): 284.

李岚, 2007. 高等数学教学改革研究进展 [J]. 大学数学, 4 (4): 20-26.

李林会, 李琳, 2009. 高职院校以就业为导向的课程设置问题的研究 [J]. 中国成人教育, 4 (5): 83.

李排昌, 2004. 公安大学工科数学调整教学计划的总体构思和指导思想 [J]. 中国人民公安大学学报, 4 (2): 107-109.

李其维, 弗内歇, 2000. 皮亚杰发生认识论若干问题再思考 [J]. 华东师范大学学报（哲学社会科学版）, 4 (5): 3.

李伟, 2008. 对《高等数学》教材建设的一点看法 [J]. 大学数学, 4 (3): 18.

李雅瑞, 2002. 高等数学教学方法改革与创新能力培养的研究 [J]. 工科数学, 4 (4): 44.

李忠, 2012. 数学的意义与数学教育的价值 [J]. 课程·教材·教法, 32 (1): 59.

李忠, 周建莹, 2011. 高等数学 [M]. 2版. 北京: 北京大学出版社.

李作滨, 2018. 素养导向的数学测评研究——以2018年高考为例 [J]. 数学教育学报, 27 (6): 36-37.

林崇德, 1982. 中学生运算能力发展的研究 [M]. 北京: 北京师范大学出版社.

林崇德,1999.学习与发展[M].北京:北京师范大学出版社.

林崇德,2001.中学数学教学心理学[M].北京:北京教育出版社.

林崇德,2008.我的心理学观——聚焦思维结构的智力理论[M].北京:商务印书馆.

林崇德,2011.智力发展与数学学习[M].北京:中国轻工业出版社.

林峰,2008.双参数条件约束模型的参数估计及其在瑞文高级推理测验项目认知模型中的应用[D].南昌:江西师范大学.

刘靖,2013.应用型本科院校高等数学的学习现状与对策[J].大学教育,4(12):66-67.

刘启迪,2004.课程目标:构成、研制与实现[J].课程·教材·教法,4(8):24-29.

刘铁川,赵玉,戴海琦,2016.图形推理任务作答规则的多策略诊断[J].中国临床心理学杂志,24(3):460.

刘晓,石伟平,2012.高等职业教育办学模式评析[J].教育与职业,4(2):5-8.

卢兵,2011.探索高职学生综合职业能力培养的新途径[J].中国大学教学,4(3):84-86.

罗杞秀,林晓枫,林金辉,1988.大学生思维测量——形式逻辑与发散性思维[J].高教研究,4(4):34-37.

罗素,2005.数理哲学导论[M].晏成书,译.北京:商务印书馆.

罗伯特·J.斯腾伯格,2003.教育心理学[M].张厚粲,译.北京:

中国轻工业出版社.

马桂霞,2010.陶行知职业教育思想与高职院校课程设置的哲学思考[J].教育与职业,4(35):131.

马克思,恩格斯,1995.马克思恩格斯全集[M].中共中央马克思恩格斯列宁斯大林著作编译局,译.北京:人民出版社.

马前进,2016.公安机关刑事案件侦查中的假说、推理和证据[J].广州市公安管理干部学院学报,26(2):40-45.

马知恩,2008.工科高等数学课程教学改革五十年[J].中国大学教学,4(8):11-16.

美国国家研究委员会,1993.人人关心数学教育的未来[M].北京:世界图书出版社.

孟文静,2007.逻辑思维界定研究分析[J].社会科学家(增刊),4(S2):1-2.

穆勒,2014.逻辑体系[M].郭武军,杨航,译.上海:上海交通大学出版社.

宁连华,2003.数学推理的本质和功能及其能力培养[J].数学教育学报,4(3):42-45.

皮亚杰,1981.发生认识论原理[M].王宪钿,译.北京:商务印书馆.

皮亚杰,1982.儿童的心理发展[M].傅统先,译.济南:山东教育出版社.

齐民友,2008.重温微积分[M].北京:高等教育出版社.

綦春霞,王瑞霖,2012.中英学生数学推理能力的差异分析——八年级学生的比较研究[J].上海教育科研,4(6):93-96.

丘维声,2015.用数学的思维方式教学[J].中国大学教学,4(1):9.

邱琴,2012.基于能力的类比推理映射转换的实验研究[J].心理与行为研究,10(6):420.

R.柯朗,H.罗宾,1985.什么是数学——对思想和方法的基本研究[M].左平,张饴慈,译.北京:科学出版社.

邵光华,2009.作为教育任务的数学思想与方法[M].上海:上海教育出版社.

沈美媛,张琦英,2006.论高职院校课程设置的价值取向[J].教育与职业,4(23):36.

施旭英,霍福广,2014.马克思主义认识论与教学观的辩证关系[J].南通大学学报(社会科学版),30(6):11-15.

石建敏,赵立影,孙国良,等,2009.高等职业教育人才培养模式的改革与实践[J].职业技术教育,30(4):48-51.

石向实,1994.论皮亚杰的图式理论[J].内蒙古社会科学(文史哲版),4(3):11-16.

史宁中,2015.数学思想概论——数学中的归纳推理[M].吉林:东北师范大学出版社.

史宁中,2015.数学思想概论[M].长春:东北师范大学出版社.

史宁中,2016.试论数学推理过程的逻辑性——兼论什么是有逻辑的推理[J].数学教育学报,25(4):1.

史艳华，王芬玲，2013.高等数学与高中数学的衔接问题探讨［J］.教育与职业，4（20）：127-128.

斯滕伯格，1999.成功智力［M］.吴国宏，译.上海：华东师范大学出版社.

斯梯恩，程靖，2015.关于数学推理的20个问题［J］.数学教学，4（6）：62，76.

孙长华，吴振云，吴志平，1994.瑞文作业的年龄差异及其与"位置法"记忆训练的关系［J］.心理学报，4（1）：59-63.

孙敦甲，1987.学生数学能力结构［J］.心理发展与教育，4（4）：42-46.

孙名符，郑素琴，等，1996.数学教育学原理［M］.北京：科学出版社，148.

孙泽文，2007.关于大学课程目标的问题分析［J］.教育与职业，4（24）：137.

谭乔元，2016.七巧板游戏、瑞文推理测验与中小学生数学成绩关系的研究［D］.南京：南京师范大学.

唐雪峰，赵海燕，莫雷，2000.归类及推理研究的几个数学理论模型［J］.心理学动态，4（3）：56-60.

同济大学数学系，2014.高等数学［M］.7版.北京：高等教育出版社.

涂冬波，蔡艳，戴海琦，2011.多维项目反应理论：参数估计及其在心理测验中的应用［J］.心理学报，43（11）：1329-1340.

汪茂华, 2018. 高阶思维能力评价研究［D］. 上海: 华东师范大学.

王爱民, 1995. 高等数学教学中加强学生能力培养的实践与研究［J］. 清华大学教育研究, 4（1）: 50-54.

王健吾, 1995. 数学方法论研究探析［J］. 数学教育学报, 4（2）: 37-42.

王明伦, 2002a. 高等职业技术教育人才培养规格定位的研究［J］. 职业技术教育（教科版）, 23（13）: 14.

王明伦, 2002b. 高等职业教育人才培养模式重建之思考［J］. 教育研究, 4（6）: 90.

王萍涛, 1999. "文理渗透"与创造性思维的培养［J］. 江西教育科研, 4（5）: 58-59.

王青林, 2013. 关于创新应用型本科人才培养模式的若干思考［J］. 中国大学教育, 4（6）: 20-23.

王小明, 2011. 布卢姆认知目标分类学（修订版）对课程目标制定的启示［J］. 全球教育展望, 40（4）: 20-24.

王晓云, 2007. 论公安院校的数学素质教育［J］. 山西警官高等专科学校学报, 4（2）: 85-87.

王亚同, 1999. 类比推理［M］. 河北: 河北大学出版社.

王志玲, 王建磐, 2018. 中国数学逻辑推理研究的回顾与反思——基于"中国知网"文献的计量分析［J］. 数学教育学报, 27（4）: 88-93, 94.

韦特海默, 1987. 创造性思维［M］. 林宗基, 译. 北京: 教育科学出版社.

文德尔班,1997.哲学史教程:下卷[M].罗达仁,译.北京:商务印书馆.

沃建中,林崇德,陈浩莺,2003.小学生图形推理策略个体差异[J].心理发展与教育,4(2):1,2-3.

吴格明,2002.创新能力培养:切不可忽视逻辑思维素质[J].中国教育学刊,4(6):48.

吴宏,2004.推理能力表现:要素、水平与评价指标[J].教育研究与实验,4(1):49.

吴绍琪,2002.大学生能力理论调研与实践探讨[J].重庆大学学报(社会科学版),4(6):107,108-109.

希尔伯特,康福森,1959.直观几何[M].王联芳,译.北京:高等教育出版社.

奚颖瑞,2010.论19世纪的逻辑学——在数学与哲学之间[J].自然辩证法研究,26(5):8,9.

肖玮,苗丹民,朱宁宁,2006.应用项目反应理论对瑞文测验联合型的分析[J].心理科学,4(2):389-391.

谢海军,2009.适应公安教育改革需要 探索公安教育的职业化建设[J].公安教育,4(4):50-54.

邢滔滔,2008.数理逻辑[M].北京:北京大学出版社.

熊允发,2011.不完全归纳推理在公安情报分析中的应用[J].中国人民公安大学学报(自然科学版),17(3):40-43.

徐玉明，卫莉莉，张惠绒，2001. 基于瑞文标准推理测验的警察智力素质研究［J］. 山西警官高等专科学校学报，4（3）：47.

阎巩固，张厚粲，1994. 瑞文标准推理测验限时施测研究［J］. 北京师范大学学报（社会科学版），4（5）：105-111.

尹一心，2004. 对高等数学课程目标和教学模式改革的思考［J］. 扬州大学学报（高教研究版），4（4）：94-96.

余长，彭本红，2009. 大学生能力体系的构建与形成机理研究［J］. 统计与决策，4（8）：96.

喻平，2018. 数学核心素养的培养：知识分类视角［J］. 教育理论与实践，38（17）：3-6.

约翰·杜威，2005. 我们怎样思维——经验与教育［M］. 姜文闵，译. 北京：人民教育出版社.

约翰·杜威，2015. 我们如何思维［M］. 伍中友，译. 北京：新华出版社.

张涤，张海燕，2013. 不同阶段学生图形推理能力的研究现状［J］. 东北师大学报（哲学社会科学版），4（2）：233.

张奠宙，2001. "与时俱进"谈数学能力［J］. 数学教学，4（2）：7-9.

张国立，马新顺，2002. 高等数学课程教学内容、教材体系改革与实践［J］. 工科数学，4（4）：40-42.

张厚粲，王晓平，1989. 瑞文标准测验在我国的修订［J］. 心理学报，4（2）：113-120，114，121.

张楠，2008. 从《瑞文标准推理测验》引发的比较与思考——音乐专业与非音乐专业大学生智力差异性研究［D］. 北京：首都师范大学.

张学山, 2011. 高等数学教材建设的探索与实践［J］. 教育探索, 4（12）：34.

张玉峰, 芮文娟, 2014. 用数学方法论指导大学数学教学［J］. 数学教育学报, 23（5）：76-78.

张元, 2008. 职业院校学生职业能力的获得及其培养［J］. 高等教育研究, 4（7）：68-71.

赵志群, 2008. 对高等职业教育培养目标、课程模式和课程开放方法的一些思考［J］. 武汉职业技术学院学报, 4（2）：25.

郑晓梅, 2003. 论高等职业教育课程目标的价值取向［J］. 职业技术教育, 24（19）：40-42.

郑毓信, 梁贯成, 1998. 认知科学：建构主义与数学教育［M］. 上海：上海教育出版社.

郑毓信, 王宪昌, 蔡仲, 2000. 数学文化学［M］. 四川：四川教育出版社.

中华人民共和国教育部制定, 2012. 义务教育数学课程标准（2011年版）［M］. 北京：北京师范大学出版社.

钟秉林, 2013. 人才培养模式改革是高等学校内涵建设的核心［J］. 高等教育研究, 34（11）：72.

周建松, 2014. 高等职业教育人才培养目标下的课程体系建设［J］. 教育研究, 35（10）：104.

周远清, 2003. 精品课程教材建设是教学改革和教学创新的重大举措 [J]. 中国高教研究, 4（1）: 12.

周正, 辛自强, 2014. 数学能力与决策的关系: 个体差异的视角 [J]. 心理科学进展, 20（4）: 544.

朱长江, 2011. 谈谈如何提高大学生的数学素养 [J]. 中国大学教学, 4（11）: 17.

朱文芳, 2015. 数学教育心理学 [M]. 北京: 北京师范大学出版社.

朱晓鸽, 2009. 逻辑析理与数学思维研究 [M]. 北京: 北京大学出版社.

朱学志, 1990. 数学的历史、思想和方法 [M]. 哈尔滨: 哈尔滨出版社.

ANDERSON J R, 1980. Cognitive Psychology and Its Implications [M]. New York: Freeman.

BERGQVIST E, 2007. Types of reasoning required in university exams in mathematics [J]. Journal of Mathematical Behavior, 26（4）: 348-370.

CARPENTER P A, JUST M A, SHELL P, 1990. What one intelligence test measures: A theoretical account of the processing in the Raven Progressive Matrices Test [J]. Psychological Review, 97（3）: 404-431.

DAVENPORT E C, DAVISON M L, KUANG H, et al., 1998. High school mathematics course-taking by gender and ethnicity [J].

American Educational Research Journal, 35, 497-514.

INHELDER B, PIAGET J, 1958. The growth of logical thinking from childhood to adolescence [M]. New York: Basic Books, Inc.

IOSSI L, 2007. Strategies for reducing math anxiety in post-secondary students. In S. M. Nielsen & M. S. Plakhotnik (Eds)[J]. Proceedings of the Sixth Annual College of Education Research Conference: Urban and International Education Section. Miami: Florida International University: 30-35.

ROSENTHAL J S, 1995. Active Learning Strategies in Advanced Mathematics Classes [J]. Studies in Higher Education: 223.

RAVEN J, 2000. Raven's Progressive Matrices: Change and Stability over Culture and Time [J]. Cognitive Psychology, 41 (1): 2.

WEBER K, 2004.Traditional instruction in advanced mathematics courses: a case study of one professor's lectures and proofs in an introductory real analysis course [J]. Journal of Mathematical Behavior, 23 (2): 116.

LEI B, TIANFAN C, 2009. Learning and Scientific Reasoning [J]. Science, 323 (5914): 586-587.

LITHNER J, 2008. A research framework for creative and imitative reasoning [J]. Educational Studies in Mathematics, 67 (3): 255-276.

LITHNER J, 2000. Mathematical reasoning and familiar procedures[J].

International Journal of Mathematics in Science and Technology, 31 (1): 83-95.

MA X, 1997. A national assessment of mathematics participation in the United States: A survival analysis model describing students' academic careers [M]. Lewiston, NY: Edwin Mellen.

MAPLE S A, STAGE F K, 1991. Influences on the choice of math/science major by gender and ethnicity [J]. American Educational Research Journal, 28 (1): 37-60.

MELISSA S, SCHEN M S, 2007. Scientific reasoning skills development in the introductory biology courses for undergraduates in the introductory biology courses for undergraduates [J]. The Ohio State University.

MULLIS I V S, MARTIN M O, GOZALEZ E J, et al., 2000. TIMSS: International Mathematics Report [J]. Findings form IEA's Repeat of the Third International Mathematics and Science Study at Eighth Grade. Boston College.

National Council of Teachers of Mathematics, 2000. Principles and standards for school mathematics [M]. Reston, VA: Author.

National Research Council (NRC), 1996. National Science Education Standards [M]. Washington DC: National Academies Press.

ADEY P, SHAYER M, 1994. Really Raising Standards: Cognitive Intervention and Academic Achievement Routledge [M]. London:

Routledge.

RAVEN J C, COURT J H, Manual for Raven's progressive Matrices and Vocabulary Scales [J]. General Overview. London: H. K. Lewis, Co. LTD.

ROBERT J, STEMBERG, 1999. The Nature of Mathematical Reasoning [M]. Chicago: National Council of Teachers of Mathematics.

ROMBERG T A, 1994. Classroom instruction that fosters mathematical thinking and problem solving: Connections between theory and practice. I n A. H. Schoenfeld (Ed.), Mathematical thinking and problem solving [M]. Hillsdale, NJ: Erlbaum, 287-304.

SCHOENFELD A H, 1992. Learning to think mathematically: Problem solving, metacognition, and sense making in mathematics. In D. A. Grouws (Ed.), Handbook of research on mathematics teaching and learning [M]. New York: Macmillan, 334-371.

SELLS L W, 1973. High school mathematics as the critical filter in the job market. Proceedings of the Conference on Minority Graduate Education [M]. Berkeley: University of California.

SPEARMAN C, 1927. The nature of "intelligence" and the principles of cognition (2nd edition) [M]. London, England: Macmillan.

STERNBERG R J, 1999. The Nature of Mathematical Reasoning. In Developing Mathematical Reasoning in Grades K - 12 [M]. 1999

Yearbook, NCTM, USA.

TALL D, 1992. The transition to advanced mathematical thinking: functions, limits, infinity, and proof. In D.A. Grouws (Ed.) , Handbook of research on mathematics teaching and learning [M] . New York: Macmillan, 495-511.

附 录

附录1 调查问卷

请根据自己的实际情况进行选择,如果多个选项均满足题目条件,请选择关联性最强的选项。

1. 你为什么选择考警校（　　）

　A. 父母愿望　　　　　　　　B. 自己的理想

　C. 工作收入稳定　　　　　　D. 没有具体原因

2. 你喜欢数学吗（　　）

　A. 一直喜欢　　　　　　　　B. 高中毕业前喜欢

　C. 小学时喜欢　　　　　　　D. 一直不喜欢

3. 你学高等数学的目标（　　）

　A. 培养数学能力　　　　　　B. 学会知识

　C. 掌握解题技巧方法　　　　D. 通过考试

4. 你认为高等数学学习对今后的工作和生活（　　）

　A. 有用　　　　　　　　　　B. 觉得有用但不知道有什么用

　C. 不认同老师强调过的用处　D. 自己思考过用处但无答案

5. 你认为高等数学课程在公安院校课程体系中（　　）

　　A. 举足轻重　　　　　　　B. 可有可无

　　C. 听从学习安排　　　　　D. 应该取消

6. 你认为高等数学难在（　　）

　　A. 概念抽象难理解　　　　B. 课程内容衔接性强

　　C. 自学难度大　　　　　　D. 自己对学习不重视

7. 你认为高等数学培养的能力中，你认为最重要的是（　　）

　　A. 应用数学解决问题的能力　B. 逻辑思维能力

　　C. 计算能力　　　　　　　D. 空间想象能力

8. 你上一题选择答案的理由是（　　）

　　A. 与人思维发展有一定联系　B. 与公安工作有一定联系

　　C. 学习过程中最难的能力　　D. 没有特别原因

9. 你认为高等数学课程和推理能力培养之间（　　）

　　A. 有很强的联系　　　　　B. 应该有联系但自己不确定

　　C. 不知道有什么联系　　　D. 没有联系

10. 你对高等数学中概念学习的理解和认识（　　）

　　A. 认为对高等数学学习非常重要

　　B. 经常因抽象难理解而放弃学习

　　C. 发现概念对学习帮助不大

　　D. 忽略概念学习

11. 你认为自己对高等数学相关概念的掌握情况（　　）

　　A. 对概念有比较清晰的理解

B. 并没有完全理解概念

C. 对概念会努力记忆

D. 对概念学习没有足够的重视

12. 你认为自己数学推理已有的水平（　　）

A. 推理能力较强　　　　　　B. 推理能力一般

C. 推理能力较差　　　　　　D. 不具备推理能力

13. 在数学学习中，你认为自己主动运用推理的次数（　　）

A. 经常需要推理　　　　　　B. 偶尔需要推理

C. 会被动进行推理　　　　　D. 无须推理

14. 你认为学好高等数学的最有效的方法是（　　）

A. 理解高等数学的思想方法　B. 理解基本概念定理

C. 掌握解题方法和技巧　　　D. 大量做练习题

15. 你在实际学习过程的具体做法是（　　）

A. 理解概念定理掌握思想方法

B. 大量做练习题

C. 考前突击

D. 基本上不学习

16. 课堂学习中，你的思考方式（　　）

A. 总会主动思考　　　　　　B. 老师提问时会进行思考

C. 直接把结论或答案记忆下来　D. 不思考

17. 高等数学学习中，你解决问题的一般方法和习惯（　　）

A. 基于对概念的应用　　　　B. 基于老师的讲解

C. 采用类型题的相关方法　　D. 没有特定的方法和习惯

18. 在课后作业中遇到不会求解的问题，你会（　　）

A. 向老师寻求帮助或和同学一起讨论

B. 找近似的例题

C. 看参考答案

D. 通常会放弃此题

19. 高等数学对你最重要的是（　　）

A. 积极思考并反思　　　　B. 学会了概念、定理

C. 通过考试获得学分　　　D. 收获很少

20. 你认为你的老师在课堂上侧重的重点教学内容（　　）

A. 概念的讲解　　　　　　B. 定义的证明

C. 例题的练习　　　　　　D. 针对例题习题的练习

21. 高等数学课堂中，老师会（　　）

A. 有目的地进行师生互动　B. 鼓励大家思考

C. 以自己讲解为主　　　　D. 以解题为主

22. 你认为高数老师授课的特点（　　）

A. 喜欢启发引导学生思考

B. 善于借助几何直观和生活实例

C. 注重概念的讲解

D. 课堂以例题和习题讲解为主

谢谢参与！

附录2 教师访谈提纲

1. 请您对公安院校、人才培养、高等数学课程、能力培养、学生学习情况做一下基本介绍。

2. 结合自身对高等数学教学的理解，谈谈您对高等数学课程开设目的和意义的理解。

3. 当前公安工作形势下，您认为高等数学应该注重哪些能力的培养，其中最重要的能力是什么？

4. 公安院校高等数学与普通高校高等数学的联系和区别有哪些？

5. 推理及数学能力对学生今后工作和生活有哪些意义和影响？

6. 在您的课堂上注重数学能力培养吗，如何注重，效果如何？

7. 您有针对能力培养进行教学设计吗，请举例？

8. 在您的教学过程中，哪些环节是针对数学推理能力培养的？

9. 您觉得如何才能更好地促进学生数学推理能力的发展？

附录3 学生访谈提纲

1. 你认为当前公安工作对人民警察能力方面有哪些要求？最重要的能力是什么？

2. 这些能力在学校中是如何培养的？

3. 你认为推理能力及数学推理能力在公安工作中重要吗？

4. 你认为在你所学的课程中哪些课程能够提高你的推理能力？

5. 你认为高等数学课程对你今后的职业发展有哪些影响？

6. 你平时如何学习高等数学？你觉得学习效果如何？

7. 你认为高等数学课程对你数学推理能力发展有什么样的作用？